쉽게 풀어쓴
제약수학

김동욱 지음

자유아카데미

머리말

25년 이상 대학교수로서 재직하는 동안 수학에 관한 책을 집필하면서 떠오르는 생각이 매우 많았다. 대표적으로는 소위 수학 포기자들이 있다. 화학 등 다른 과목의 성적은 괜찮은데 유독 수학 실력이 부족하여 어려워하는 학생들을 많이 보아 왔다. 오죽했으면 과학성적이 나쁘지 않은 데도 수학성적 때문에 문과를 지원하는 학생들이 있을 정도이다.

저자 또한 중고등학교를 거쳐 대학, 대학원 공부를 하면서 수학과 많이 부딪쳐 왔고 지금도 수학은 본인의 연구 및 교육의 중요한 일부로 자리잡고 있다. 대학의 일반수학, 공업수학 등의 교재를 보면 내용이 학과의 실정에는 맞지 않게 지나치게 방대하거나 어렵게 기술되어 있다는 사실을 새삼스럽게 느낀다.

제약공학과를 포함한 제약산업과 관련된 학과에서는 대부분 한 학기에 걸쳐 수학 교과목이 있는 경우가 매우 많다. 이에 본인이 비록 수학 전공자는 아니지만, 제약산업과 관련된 수학의 핵심내용을 전달하되 될 수 있으면 쉬운 내용으로 대학교재를 집필하기로 마음먹었다. 따라서 이 교재에서는 엄밀한 정의에 의한 수학적 전개를 생략하였고, 난이도가 높은 문제를 가급적 제외하였으며, 연습문제는 쉽게 해결할 수 있는 수준으로 집필하였다. 그러나 대학교재를 쉬운 내용으로만 쓰는 것은 또 다른 문제를 일으킬 수 있으므로, 학생들이 졸업 후 직장생활이나 대학원 강의를 이해할 수 있도록 제약산업과 관련된 핵심주제들은 포함하였다.

수학은 어려운 학문이기도 하지만 흥미진진한 이야기들이 잔뜩 숨어있는 재미있는 인류역사이기도 하다. 이에 저자는 각 장의 끝마다 수학이나 의약품과 관련된 인물이나 일화를 소개하여 수학이라는 학문에 흥미를 가지고 쉽게 접근할 수 있도록 노력하였다.

대부분의 이공계에서는 과학 현상의 모델링을 중시하며 그 결과는 함수로 나타난다. 이 함수를 통해서 미래를 예측하고, 품질관리를 하며, 생산을 조절한다. 이 책은 본인의 수십 년 교육 및 연구 경험을 바탕으로 이러한 함수에 대해 그 중심을 두고 설명하고 있다.

좋은 책을 위해 최선을 다했지만 오류나 부족한 부분이 있을 수 있다. 이에 대한 독자 여러분의 많은 조언을 구하며, 출간 후 나올 수 있는 수정사항 등은 자유아카데미 홈페이지(http://www.freeaca.com) 자료실에 제공할 예정이니 참고하길 바란다.

이 책을 통해서 미래 한국의 과학기술을 이끌어 갈 인재들이 수학의 기초를 쌓는 데 작으나마 도움이 되길 바라며, 마지막으로 대학교수 생활을 묵묵히 지원해주신 가족과 부모님께 감사드린다.

2022년 2월

김동욱

차례

1장 집합

2장 함수

3장 평면과 공간의 방정식

4장 백터

5장 행렬 및 행렬식

6장 미분

7장 적분

8장 상미분방정식

9장 급수

10장 복소수

11장 라플라스 변환

12장 화학반응속도식

13장 인체 약물 모델링

1장

집합

1. 집합의 정의
2. 집합의 연산
3. 수의 집합
4. 논리학
5. 모듈러 연산

1, 2, 3 등의 수와 {1, 2, 3}과 같은 집합은 수학에서 기본을 구성하는 핵심개념이다. 따라서 이번 장에서 이에 관한 내용을 공부하고자 한다. 다만 본 교재에서는 엄밀한 수학적 정의보다는 응용에 중심을 둔 내용을 주로 소개하고자 한다.

1 집합의 정의

집합은 게오르그 칸토어(Georg Cantor)가 처음 소개하였으며 현대 수학의 기본 바탕을 이루고 있다. 즉, 대부분의 수학적 전개가 집합의 개념하에서 운영되고 있으므로 매우 중요한 의미를 지닌다. 집합은 { }으로 나타내며, 원소나열법과 조건제시법 두 가지로 표현될 수 있다.

원소나열법은 A = {1, 2, 3}과 같이 포함된 원소들을 직접 { } 내에 나열하거나 원소가 무한히 많을 경우 {1, 2, 3, ...}으로 표시할 수 있다. 집합은 반드시 숫자만으로 구성되지 않고 {A 대학, B 대학} 등 수 이외의 다른 것들도 충분히 포함될 수 있다. 이때 1, 2, 3들을 집합의 구성 원소라 하고, 집합에는 원소의 순서는 고려하지 않으므로 {1, 2, 3} = {1, 3, 2}이다.

조건제시법은 집합의 원소를 조건 제시를 통하여 표시하는 방법이다. 예를 들어 $\{n|$ n은 자연수, $1 \le n \le 3\}$과 같이 표현하며 이는 곧 {1, 2, 3}과 동일하다. 집합의 조건 제시에 $\{n|n\ \ 1 \le n \le 3\}$과 같은 수식도 사용할 수 있다. 이때, $\{n|f\}$는 "모든 n에 대해 f이다"를 의미한다. 집합에는 방정식을 포함할 수 있는데, 예를 들어 $\{x|x^2-3x+2=0\}$인 집합을 생각해보자. 해당 집합의 의미는 $x^2-3x+2=0$을 만족하는 모든 x의 집합을 의미한다. 즉, $x^2-3x+2=(x-1)(x-2)=0$이 되므로 x = 1, 2 즉 $\{x|x^2-3x+2=0\}$ = $\{1,2\}$이다.

방정식에는 반드시 변수가 하나만 포함되지 않아도 된다. 예를 들어 $\{(x,y)|x^2+y^2=1\}$을 생각해보자. 이것은 유명한 피타고라스 정리에 해당하며, 이때는 $(1,0)$, $(0,1)$, $(1/\sqrt{2},\ 1/\sqrt{2})$와 같이 무수히 많은 (x,y)의 해가 존재한다. 그리고 $\{(x,y)|x^2+y^2=1\}$ = $\{(1,0),\ (0,1),\ (1/\sqrt{2},\ 1/\sqrt{2})\ ...\}$으로 표시할 수 있으며 조건

도 반드시 하나가 아니라 여러 개를 포함할 수 있다.

$\{(x, y, z) | -1 < x < 1, -10 < z < 10, e^x + \sin y - z/3 = 0\}$도 충분한 집합을 이룬다. 한 걸음 더 나아가 본 교재에서 공부하고자 하는 주된 목표는 $\{(x,y,z) | f(x, y, z) = 0\}$이라는 하나의 식으로 표현할 수 있다. 이 의미는 $f(x,y,z) = 0$을 만족하는 x, y, z를 구한다는 의미이다. 함수 $f(x, y, z)$는 변수가 x 하나일 수도 있고, x, y, z와 같이 여러 개가 존재할 수 있으며 함수에는 미분, 적분 등 다양한 형태의 함수가 포함될 수도 있다. 만약 함수가 여러 개 존재한다면 이는 $\{(x,y,z) | f(x, y, z) = 0,\ g(x, y, z) = 0 \ldots\}$으로 표시할 수 있다.

2 집합의 연산

원소는 집합의 구성성분이며 $\in$로 표시된다. 예를 들어 집합 $A = \{1, 2, 3\}$에서 2는 집합 A의 구성 원소를 의미하므로 $2 \in A$로 표시한다. 구성 원소가 아닌 경우에는 $4 \notin A$로 표시한다.

집합 A와 B가 다음 그림과 같이 있을 때 $A \cup B$를 합집합이라 한다(그림 1.1 참조). $A \cup B$는 다음과 같이 표현할 수 있다.

$$A \cup B = \{x | x \in \mathrm{A} \text{ 또는 } x \in \mathrm{B}\} \qquad \text{(합집합의 정의)}$$

집합 A와 집합 B가 다음 그림과 같이 있을 때 $A \cap B$를 교집합이라 한다(그림 1.1 참조). $A \cap B$는 다음과 같이 표현할 수 있다.

$$A \cap B = \{x | x \in \mathrm{A} \text{ 이고 } x \in B\} \qquad \text{(교집합의 정의)}$$

집합 A에 속하는 모든 원소가 집합 B의 원소이면 A를 B의 부분집합이라고 하며 $A \subseteq B$로 표시한다. 예를 들어 $A = \{1, 2\}$, $B = \{1, 2, 3\}$인 경우 $A \subseteq B$이 성립한다.

차집합은 $A-B$로 표시되며 다음의 관계가 있다.

$$A-B = \{x | x \in \mathrm{A} \text{ 이고 } x \notin B\} \qquad \text{(차집합의 정의)}$$

여집합은 다음과 같이 표시된다(그림 1.1 참조).

$$A^c = \{x \in U | x \notin A\} \quad \text{(여집합의 정의)}$$

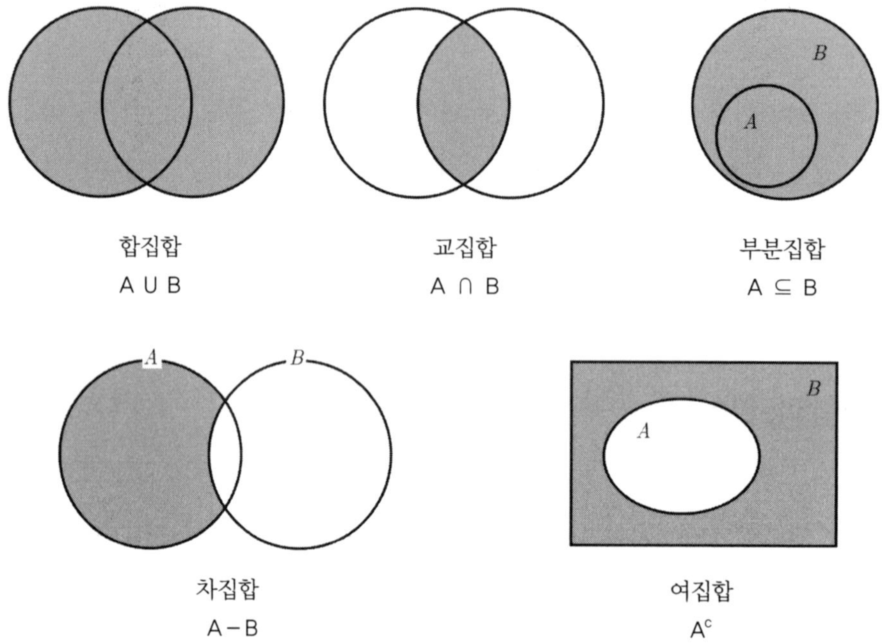

그림 1.1 A∪B, A∩B, A−B, A⊆B, A^c 벤 다이아그램

집합의 구성 원소가 모두 같을 때, 즉 $A = \{1, 2\}$이고 $B = \{1, 2\}$일 때, 집합 A와 집합 B는 상등이라 하며 $A = B$ 라 표시한다. 집합의 크기는 원소의 개수를 의미하며 $|A|$로 표시된다. 위의 경우 $|A| = 2$이다. $C = \{1, 2, 3\}$이 존재할 경우 $|C| = 3$이며, $|A| < |C|$가 성립한다. 집합에서 두 집합의 크기를 비교하는 경우가 자주 있다. 이때, 일대일 대응이 되면 두 집합의 크기는 같다고 하며, 하나라도 대응되지 않는 원소가 있을 경우에는 크기가 다르다.

집합 중에는 원소가 하나도 없는 집합이 존재하며 이를 공집합이라 한다. 주로 { }나, $\varnothing$으로 표기한다. 예를 들어 $\{x | x > 0,\ x + 1 = 0\}$에서 x의 해는 -1이나 이것은 $x > 0$의 조건을 충족하지 못한다. 따라서 이 조건을 충족하는 x의 해는 존재하지 않는다. 즉, $\{x | x > 0,\ x + 1 = 0\} = \{\ \}$이다.

집합은 교집합과 합집합에 대해 교환법칙, 결합법칙과 분배법칙이 성립한다.

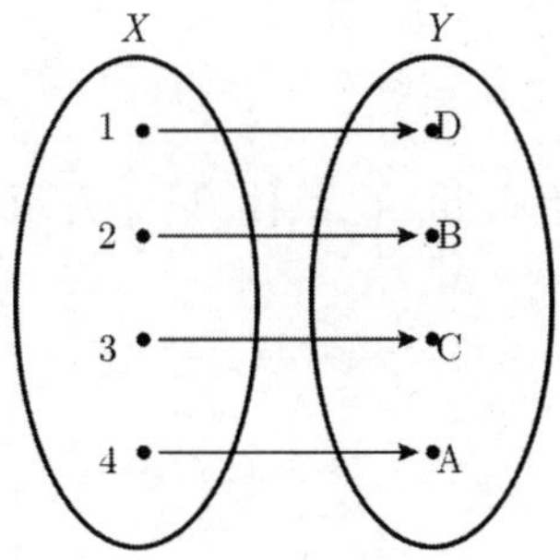

그림 1.2 집합 간의 일대일 대응

교환법칙

$$A \cup B = B \cup A$$

$$A \cap B = B \cap A$$

결합법칙

$$(A \cup B) \cap C = A \cup (B \cap C)$$

$$(A \cap B) \cup C = A \cap (B \cup C)$$

분배법칙

$$A \cap (B \cup C) = (A \cap B) \cup (A \cap C)$$

$$A \cup (B \cap C) = (A \cup B) \cap (A \cup C)$$

여집합은 논리학 등에서 자주 사용되는 드 모르간의 법칙이 성립한다.

$$(A \cup B)^c = A^c \cap B^c$$

$$(A \cap B)^c = A^c \cup B^c$$

$$A^c \cap A = \varnothing$$

$$(A^c)^c = A$$

멱집합(power set)은 주어진 집합의 모든 부분집합에 대한 집합을 의미한다. 예를 들어 $\{1, 2\}$의 멱집합은 $\{\{1\}, \{2\}, \{1, 2\}, \varnothing\}$이다. 즉, 멱집합에는 원래의 집합과 공집합도 포함된다.

예제 1.1

A = {1, 2, 4}, B = {1, 2, 3, 4, 5}, C = {1, 3, 5, 7}, U = {1, 2, ... 10}일 때, 다음을 구하시오.

(A) $A \cup B$

(B) $A \cap B$

(C) $|A|$, $|B|$

(D) $A - B$

(E) $(A \cup B) \cap C$

(F) $A \cap (B \cup C)$

(G) $(A \cup B)^c$

(H) $(A \cap B)^c$

» 해답

(A) $A \cup B = \{1, 2, 3, 4, 5\}$

(B) $A \cap B = \{1, 2, 4\}$

(C) $|A| = 3$, $|B| = 5$

(D) { }

(E) $\{1, 2, 3, 4, 5\} \cap \{1, 3, 5, 7\} = \{1, 3, 5\}$

(F) $\{1, 2, 4\} \cap \{1, 2, 3, 4, 5, 7\} = \{1, 2, 4\}$

(G) $\{1, 2, 3, 4, 5\}^c = \{6, 7, 8, 9, 10\}$

(H) $\{1, 2, 4\}^c = \{3, 5, 6, 7, 8, 9, 10\}$

집합의 장점 중 하나는 넓은 확장성에 있다. 즉, 반드시 수나 함수가 아니어도 집합은 성립될 수 있다. 따라서 {한국사람 전체}, {지구인}, {인제대 제약공학과 학생}도 집합이 될 수 있다.

3 수의 집합

수학에서의 기본은 수이며 그 종류를 몇 가지로 구분하고 있다. 가장 먼저 1, 2, 3 등의 숫자를 자연수(natural number)라 하며 그것들의 집합을 N으로 표시한다. 즉, N = {1, 2, 3, ... }이다.

자연수에 0과 음의 자연수(−1, −2, −3,...)를 모두 합친 것을 정수(integer)라 한다. 정수의 집합은 기호 Z로 표시한다(독일어 Zahlen(수)에서 나온 단어이다). 따라서 Z = {... −3, −2, −1, 0, 1, 2, 3, ...}로 표시할 수 있다. 이어서 유리수(rational number)는 두 정수의 비율 또는 분수 형식(m/n, m, n은 정수)으로 나타낼 수 있는 숫자들을 의미한다. 여기에는 1/2, 0.0352, −78.045, 123/11111, −4 등의 숫자가 모두 포함된다. 정수 3의 경우 3/1 형태의 분수로 표현 가능하므로 이것은 유리수라 할 수 있다. 유리수는 Q로 표시되며 이것은 Quotient(몫)에서 나온 용어이다. 유리수를 집합으로 표시하면

$$Q = \{a/b | a, b \in Z,\ b \neq 0\}$$

이 된다.

실수(real number)는 실직선 위에 점으로 표현될 수 있는 모든 수를 포함하다. 즉, 실수에는 정수, 유리수뿐만 아니라 분수로 표현할 수 없는 수들이 모두 포함된다. 실수의 집합은 R로 표시하며 이는 real number의 의미이다. 실수 중에는 분수로 표현할 수 없는 수의 그룹이 존재하며 이들을 무리수(irrational number, I)라 칭한다. 대표적인 무리수에는 $\pi, e, \sqrt{3}, \log 2$ 등이 있으며 그 개수는 유리수보다 매우 많은 것이 수학적으로 증명되었다.

복소수는 $a+bi$ 형태의 수이며 i는 $\sqrt{-1}$(허수)을 의미한다. 여기서 a를 실수부(real), b를 허수부(imaginary)라 칭한다. 예를 들어 $-2+3i$, $0.34-34/56i$ 등이 복소수이다. 복소수의 집합을 C라 표시하며 이는 complex number의 의미이다. 복소수를 집합의 형식으로 표시하면 $C = \{a+bi | a, b \in R\}$이 된다.

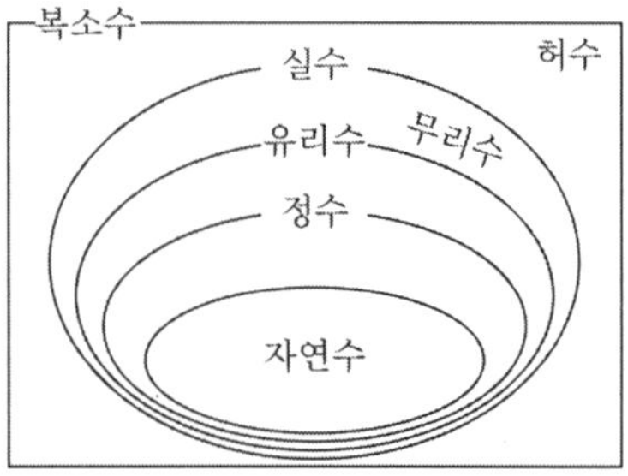

그림 1.3 수의 분류

예제 1.2

(A) 2는 수의 분류에 따르면 어떤 수인가?

(B) 0.125는 수의 분류에 따르면 어떤 수인가?

(C) $1-i$는 수의 분류에 따르면 어떤 수인가?

≫ 해답

(A) 자연수 N

(B) 0.125 = 125/1,000 즉 분수로 표시 가능하므로 유리수 Q이다.

(C) 복소수 C

예제 1.3

페르마의 마지막 정리를 집합으로 표현하면?

≫ 해답

$\{(x, y, z) | x \in N, y \in N, z \in N, n \geq 3$인 자연수, $x^n + y^n = z^n\} = \{\ \}$

페르마는 $x^n + y^n = z^n$의 방정식에서 $n \geq 3$인 정수일 경우 이 식을 만족시키는 정수해 (x, y, z)는 존재하지 않는다고 하였고 본인이 이것을 해결하였다고 주장하였다. 이 문제는 수많은 천재 수학자들에게 수백 년간 중요한 문제였고 마침내 앤드류 와일스가 공식적으로 해가 없음을 증명하였다.

4 논리학

집합을 공부하면 원소들 사이에 ∀, ∃와 같은 이상한 기호들을 가끔 볼 수 있다. 이런 기호들은 주로 논리학에서 다루는 기호이며 논리학 또한 집합을 바탕으로 한다. 제약산업에서 신약개발 후보물질의 발굴 등에 AI가 적극적으로 활용되고 있는데 이때 사용하는 전산, 정보처리의 기초가 되는 학문이 논리학이다.

따라서 이번 절에서는 논리학의 간단한 기호들에 대해 그 의미 정도를 파악하고자 한다. 물론 더욱 심층적인 관련 분야 공부는 별도로 이산수학 등을 공부하여야 한다.

우선 명제란 논리학에서 참 또는 거짓을 객관적으로 검증할 수 있는 문장을 뜻한다. 예를 들어 "x는 자연수이다" 또는 "$x<2$"가 명제에 해당한다. 반면에 "나는 천재인가?"와 같은 문장은 명제가 될 수 없다. 왜냐하면, 참 또는 거짓을 객관적으로 검증할 방법이 없기 때문이다. 명제가 참인 경우는 T, 거짓인 경우는 F로 표기한다. 또한, 두 조건 "p, q에 대해 p이면 q이다"를 p → q 라 표시한다. 명제의 부정은 ¬p와 같이 표시한다. ¬p는 not p를 의미하며 ¬p → q는 p가 아니면 q라는 의미이다. ∀는 전칭기호, ∃는 존재기호라 하고

$\forall xP(x)$: 정의역에 속하는 모든 x에 대해 $P(x)$

$\exists xP(x)$: 정의역에 속하는 적어도 하나의 x에 대해 $P(x)$

라는 뜻이다. 그리고 이들 기호는 $\forall x\forall y$, $\forall x\exists y$와 같이 중첩으로도 사용된다.

앞에 설명한 기호 이외에도 ∨, ∧, ↔ 와 같은 기호들도 사용되는데 p∧q의 의미는 집합에서의 ∩와 유사하며 p and q의 의미이다. 즉, p와 q가 모두 참일 때 참이라는 뜻이다. p∨q의 의미는 집합에서 ∪와 유사하며 p or q를 뜻하고, p나 q 중 하나만 참이어도 참이 된다는 의미이다. p ↔ q의 의미는 p의 조건과 결과들이 q의 조건과 결과들과 완전히 일치한다는 의미로서 동치를 뜻하며 p ≡ q, p ⇔ q라 표기하기도 한다. 그리고 논리학에서 자주 사용되는 드 모르간의 법칙(De Morgan's laws)은 다음과 같다.

$$\neg(p\vee q) = \neg p\wedge\neg q \text{ (드 모르간의 법칙)}$$

$$\neg(p\wedge q) = \neg p\vee\neg q$$

예제 1.4

$P(x)$가 $x+1>x$를 의미하며, 정의역이 실수일 때, 다음에 답하시오.

(A) $\forall x P(x)$는 무엇을 뜻하는가?

(B) $\exists x P(x)$는 무엇을 뜻하는가?

» 해답

(A) $\forall x P(x)$는 모든 x에 대해 $P(x)$이다. 즉, 모든 x에 대해 $x+1>x$는 실수영역에서는 모두 성립한다.

(B) $\exists x P(x)$는 적어도 하나의 x에 대해 $P(x)$이다. 즉, 적어도 하나의 x에 대해 $x+1>x$는 성립한다는 뜻이다.

예제 1.5

다음식을 설명하시오.

(A) $\forall x \forall y(x+y+2=y+x+2)$

(B) $\forall x \exists y(x-y=2)$

(C) $\mathrm{A} = \{x, y | \ \forall x((x \neq 0) \rightarrow \exists y(xy=2))\}$

(D) $\forall x \forall z \exists y((x \neq z) \rightarrow \neg(xy=1))$

(E) $\neg(\mathrm{p} \wedge \mathrm{q}) = \neg \mathrm{p} \vee \neg \mathrm{q}$

» 해답

(A) 모든 x와 y에 대해 $x+y+2=y+x+2$이 성립한다. 즉, 이 표시는 덧셈의 교환법칙을 의미한다.

(B) 모든 x와 적어도 하나의 y에 대해 $x-y=2$가 성립한다.

(C) $x \neq 0$인 조건하에서 적어도 하나의 y에 대해 $xy=2$가 되는 원소 x, y들을 가진 집합 A가 존재한다.

(D) 적어도 하나의 y는 $x \neq z$ 조건하에서 $\neg(xy=1)$, 즉 $xy \neq 1$과 같은 값들이 모든 x, z에 존재한다.

(E) p와 q가 모두 참이 아닌 것은 p가 참이 아니거나 q가 참이 아닌 것과 동일하다.

5 모듈러 연산

현재 숫자들은 대부분 10진법을 기본으로 한다. 즉 0, 1, 2, 3, 4, 5, 6, 7, 8, 9의 10가지 수를 기초로 수를 적는다. 예를 들어 9보다 1이 큰 수는 10이다. 즉, 9라는 한 자릿수에서 10이라는 두 자릿수로 바뀌고 처음에 1 다음에 0 이 되는 방식이다. 물론 10보다 1이 더 큰 수는 11이며, 19보다 1이 더 큰 수는 20이다. 즉 비슷한 방식으로 0~9의 10 자릿수들이 반복해서 사용된다. 이것이 현대 수학의 기초인 10진법이다.

인류는 10진법 이외에도 다양한 방식의 진법을 사용하고 있다. 예를 들어 시간의 경우는 12진법을 사용한다. 즉, 1~12시를 기본으로 12시보다 더 큰 수는 13시가 아니라 1시가 된다. 물론 오전 오후로 구분하기는 하지만 시곗바늘은 1~12의 수만이 나열되어 있다. 서양에서는 12진법이 상당히 널리 사용되며 계란 1묶음 등이 보통 12개를 보편적으로 사용된다.

1시간은 60분이며, 1분은 60초이다. 따라서 이 경우에는 60진법이 사용되고 60진법은 고대 메소포타미아에서 천문학을 연구하는 과정에서 발명되었다고 추측된다. 1년을 365일로 하는 것 또한 60진법과 관련이 있다. 물론 이 경우에는 나중에 일시를 조절하여 5일을 추가하였다. 그리고 현대문명의 총아라 할 수 있는 컴퓨터의 경우, 2진법이 사용된다. 2진법의 경우는 0, 1의 두 가지 수로서 모든 수를 표시하는 방식이다.

모듈러 연산(Modular Arithmetic)의 가장 기본적인 표현방식은 다음과 같다.

$$a \equiv b \pmod{n} \quad \text{(모듈러 연산의 정의)}$$

mod는 modular의 약자이며, 묶음을 뜻한다. a는 보통 10진수의 값을 의미하며 b는 n진법으로 계산했을 때 표현되는 수를 의미한다. 예를 들어 몇 가지 계산을 해보자. 14시는 오후 2시가 된다. 이 경우에는 $14 \equiv 2 \pmod{12}$로 표시할 수 있다. 이 식의 의미는 10진법의 14는 12진법에서는 2로 표시된다는 뜻이다. 100분은 60진법으로 표현할 때는 100 $\equiv$ 40 (mod 60)으로 된다. 이것은 또한 나머지의 의미도 지닌다. 즉, 14를 12로 나눌 때는 나머지(b)가 2이며, 100을 60으로 나누면 나머지 또한 40이다. 물론 이러한 계산은 정수뿐만 아니라 실수 등 다양한 분야에도 적용할 수 있다. n진법 계산 시 매우 유용하게 사용되는 공식은

$$a = kn + b$$

이다. 모듈러 연산에서는 음수도 충분히 사용할 수 있다. 따라서, $2 \equiv -3$ (mod 5)이 성립한다.

모듈러 연산에는 같은 값들이 무수히 존재한다. 예를 들어, 0을 포함한 양의 정수를 대상으로 하면 mod 5의 경우

나머지가 0: 0, 5, 10, 15, 20, 15, ...
나머지가 1: 1, 6, 11, 16, 21, 26, ...
나머지가 2: 2, 7, 12, 17, 22, 27, ...
나머지가 3: 3. 8. 13. 18. 23. 28, ...
나머지가 4; 4, 9, 14, 19, 24, 29, ...

의 5가지 경우만이 존재하며, 이 이외의 경우는 없다. 이들을 집합으로 묶으면 G_0, G_1, G_2, G_3, G_4로 표시할 수 있다.

G_0 = {0, 5, 10, 15, 20, 15, ...}
G_1 = {1, 6, 11, 16, 21, 16, ...}
G_2 = {2, 7, 12, 17, 22, 27, ...}
G_3 = {3. 8. 13. 18. 23. 28, ...}
G_4 = {4, 9, 14, 19, 24, 29, ...}

전체 0을 포함한 양의 정수 집합을 G라 하면

G ={$x|x \in$0을 포함한 양의 정수, G_0, G_1, G_2, G_3, G_4}

이다. 즉 G는 부분집합 G_0, G_1, G_2, G_3, G_4로 표현할 수 있다.

예제 1.6

(A) 30을 5진법으로 표시하시오.

(B) 9를 2진법으로 표시하시오.

(C) 12진법에서 4는 10진법에서 어떤 값을 가지나?

(D) 9 + 5를 mod 8로 나타내면?

(E) 11 + 3을 mod 2로 나타내면?

(F) −3을 양의 수 mod 6으로 표시하면?

» 해답

(A) 30/5 = 6. 즉, 나머지가 0이므로 따라서 0이다.

(B) 9/2 = 4.5 나머지가 떨어지지 않는다. 따라서 1이다.

(C) 4, 16, 28, 40, ...

(D) $9 + 5 \equiv 6 \pmod 8$

(E) 11 + 3 = 14, 14/2 = 7, 0 (mod 2)

(F) $-3 \equiv 3 \pmod 6$

연습문제

1 다음의 수들을 각각 분류하시오.

(A) π

(B) 2

(C) −3

(D) 234/1234

(E) $1-i$

2 $A = \{1, 2\}$, $B = \{1, 2, 3\}$, $U = \{1, 2, 3, 4, 5\}$일 때 다음을 구하시오.

(A) $A \cup B$

(B) $A \cap B$

(C) $A - B$

(D) $|A|$

(E) $(A \cap B)^c$

(F) $(A \cup B) \cap U$

(G) $(U - B)^c$

3 다음을 설명하시오.

(A) $A = \{x, y | \forall x \forall y (x - y = 0)\}$

(B) $\neg(x/y \neq 3) \rightarrow \exists y (y=1)$

(C) $(p \rightarrow q) \wedge (p \rightarrow r) \equiv p \rightarrow (q \wedge r)$

4 (A) 10을 2진법으로 표시하시오.

(B) 100을 15진법으로 표시하시오.

(C) 25 + 36을 mod 12로 나타내시오.

(D) 2×7을 mod 3으로 나타내면?

(E) -3을 mod 8로 나타내면?

게오르그 칸토어 Georg Cantor, 1845-1918

칸토어는 집합이론을 창시하여 현대수학의 기본토대를 쌓은 혁신적 수학자이다. 그는 러시아 세인트 피터스부르크의 독일인 가정에서 태어났고, 11세 때 독일로 이사하였으며, 1867년 베를린 훔볼트 대학교에서 수론으로 박사학위를 받았다.

칸토어는 무한에 대한 연구를 바탕으로 집합론을 창시하였다. 그에 의해 집합의 일대일 대응, 집합의 크기, 무한집합 등의 개념이 확립되었다. 칸토어는 집합을 이용하여 무한집합도 그 크기가 다를 수 있음을 제시하였고, 실수의 개수가 자연수의 개수보다 더 많음을 증명하였다. 그러나 그의 이론은 너무나 혁신적이어서 당시의 수학계에서는 전혀 인정을 받지 못하였으며, 이에 우울증이 생겨서 정신병원에 입원하는 등 말년에는 매우 불행한 삶을 살았다. 그의 묘비명에는 다음과 같은 글이 씌어 있다고 한다.

"수학의 본질은 그것이 갖는 자유로움에 있다."

2장

함수

1. 함수의 정의
2. 다항식 함수
3. 삼각함수
4. 지수함수와 로그함수
5. 쌍곡선 함수
6. 역함수
7. 우함수, 기함수
8. 함수의 이동
9. 계단함수
10. 방정식의 해

함수에는 여러 가지 종류가 존재하며, 각각의 종류마다 다양한 성질을 가지고 있다. 이번 장에서는 각 함수의 정의와 중요한 함수, 함수들의 연산에 대해 소개할 것이다.

1 함수의 정의

X는 집합이며 함수 f의 정의역이다. Y는 집합이며 함수 f의 공역이라 할 때, 임의의 $x \in X$에 대하여 graph f인 $y \in Y$가 유일하게 존재할 때 f를 함수라 한다. 즉, 정의역의 각 원소를 정확히 하나의 공역에 대응시킬 때 f는 함수이다.

함수에는 반드시 서로 다른 x값이 각기 다른 y에 대응될 필요는 없다. 서로 다른 x값이더라도 얼마든지 치역 내 존재하는 하나의 y에 대응될 수 있다. 그러나 <그림 2.1>의 세 번째 그림에서 보듯이, 정의역 X 내 2가 공역 Y에서 상황에 따라 B 또는 C로 변화하게 된다면 이때 f는 함수가 아니다. 즉, 함수에서는 x와 y의 일대일 대응이 가장 중요한 특성이다.

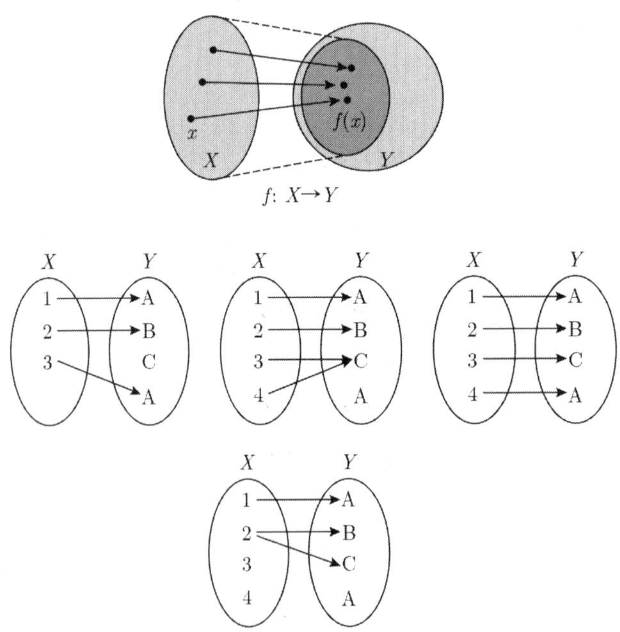

그림 2.1 함수의 정의

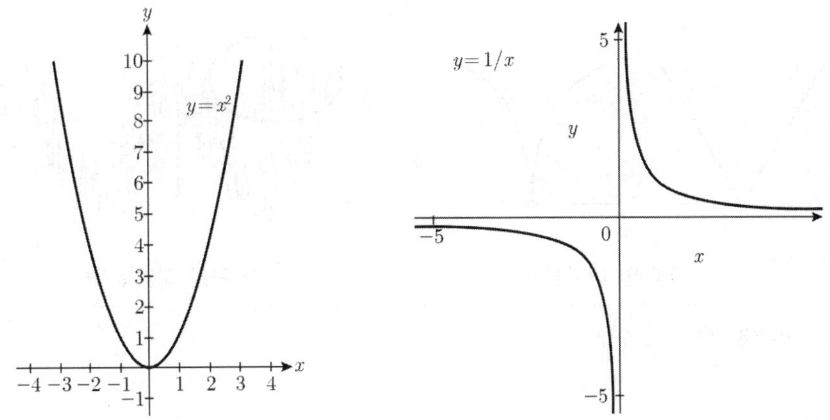

그림 2.2 함수의 그래프

함수를 좀 더 세분화하면 연속함수와 불연속함수로 나눌 수 있다. 예를 들어, $y = x^2$의 모든 실수 x에 대해 y가 존재하지만, $y = 1/x$의 경우에는 $x = 0$에서 함수가 불연속이다(그림 2.2).

함수에서 주로 사용되는 중요한 분류 기준으로 독립변수가 하나인 일가함수와 2개 이상인 다가함수로 구분할 수 있다. $f = 2x + 1$은 독립변수가 x 하나이므로 일가함수이고, $f = x - y$는 독립변수가 x, y의 2개이므로 이가함수이다. 피타고라스 정리, 원의 공식 등이 이가함수의 대표적인 예이다. 경우에 따라서는 $f = x^3/a + y^3/b + z^3/c = d$와 같은 삼가함수(타원면)도 존재한다.

또한 함수는 미분가능 여부로도 분류할 수 있다. 예를 들어 $y = x^2$과 같이 매끄러운 함수는 전 구간에서 미분할 수 있다. 이 함수를 미분하면 $y = x^2$, $dy/dx = 2x$가 된다. $y = 1/x$도 $x = 0$을 제외한 모든 x에서 미분가능하다. 즉, $dy/dx = -1/x^2$이다.

그러나 <그림 2.3>을 보면, 연속적이지만 끝이 뾰족한 함수는 $x = a$에서 미분이 불가능하지만 $x \neq a$인 전 구간 x에서는 미분가능하다. 함수 중에는 전 구간이 연속적이지만 전 구간에서 미분불가능한 함수도 존재하며, 대표적으로 바이어슈트라스 함수(Weierstrauss function)가 존재한다.

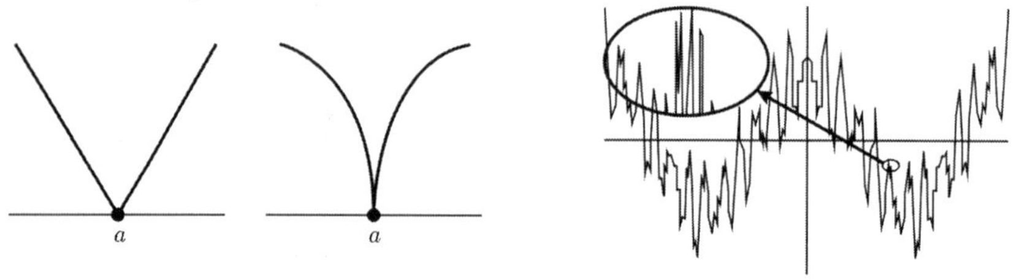

그림 2.3 미분불가능한 함수들

참고로 바이어슈트라스 함수의 식은 다음과 같이 평범하게 보인다.

$$f(x) = \sum_{n=0}^{\infty} a^n \cos(b^n \pi x)$$

$$(\text{단, } 0 < a < 1,\ b\text{는 양의 홀수, } ab > 1 + \frac{3}{2}\pi)$$

바이어슈트라스 함수는 최초의 프랙탈 중 하나로 자기유사성을 가지고 있어 작은 부분을 확대해 보아도 전체와 그 모양이 변하지 않는 특성이 있다.

예제 2.1

(A) $y = \sin x$는 연속이고 미분가능한가?

(B) $y = \ln x$는 연속이고 미분가능한가?

(C) $y = 1/x^2$은 연속이고 미분가능한가?

» 해답

(A) 전 구간의 실수 x에 대해 연속이고 미분가능하다($y' = \cos x$).

(B) $x > 0$인 실수 x에 대해 연속이고 미분가능하다($y' = 1/x$).

(C) $x = 0$에서 불연속. 이 지점을 제외한 전 x에 대해 미분가능하다($y' = -2/x^3$).

2 다항식 함수

우리가 가장 흔히 접하는 함수는 $y = a_n x^n + a_{n-1}x^{n-1} + \ldots + a_1 x + a_0$과 같은 다항식 함수 형태이다. 여기서 a_n, a_{n-1}, a_1, a_0은 3, 4 등과 같은 상수이며, x는 변수이다.

예제 2.2

(A) $y = x^3 - x + 9$의 함수에서 x가 $\{-2, 4, 7\}$일 때, y값을 구하시오.

(B) $y = (x+4)(5-3x)$의 함수에서 x가 $\{-1, 0, 1\}$일 때, y값을 구하시오.

» 해답

(A) $y = \{19, 69, 345\}$

(B) $y = \{0.375, 0.8, 2.5\}$

함수 중에는 독립변수 x가 여러 개인 형태의 함수들이 있다. 이 경우에는 독립변수들은 보통 $x_1, x_2, x_3, \ldots, x_n$ 등으로 표시한다. $y = 2x_1 + 4x_2 + 12$와 같은 경우가 대표적이다.

경우에 따라서는 독립변수와 함숫값이 모두 여러 개 동시에 존재하는 수식들도 있다. 이들을 연립방정식이라 하고 대표적으로 $y_1 = -3x_1 + x_2$, $y_2 = 7x_1 - 4x_2 + 3$과 같이 표현한다.

예제 2.3

타이레놀의 생산을 위한 품질관리 식은 아래와 같다. 총질량(x_2)이 600mg, 원료의약품의 순도(x_1)가 0.99(99%)일 때, 타이레놀에 존재하는 아세트아미노펜의 함량(y)은 얼마인가?

» 해답

$$y = 207 + 6.6x_1 + 0.48x_2$$

$$y = 207 + 6.6 \times 0.99 + 0.48 \times 600 = 501.5\text{mg}$$

---

3 삼각함수

삼각함수는 고대 그리스의 기하학 연구로부터 발생하였다. 사실 모든 함수이론은 전부 기하학에서 파생된 것으로 볼 수 있다. 특히 삼각함수는 삼각형과 관련된 함수이다. 삼각함수의 정의는 다음과 같다.

$$y = \sin x = a/c$$

$$y = \cos x = b/c$$

$$y = \tan x = a/b = \sin x/\cos x$$

삼각함수는 각도와 관련이 있으므로 각도를 표현하는 방식을 이해하는 것이 매우 중요하다. 흔히 각도는 90°와 같이 표현되거나 $\pi/2$처럼 표시된다. °로 표시되는 것은 도(degree, deg)라 하며 π로 표현되는 것을 라디안(radian, rad)이라 한다. 라디안의 π는 180도에 해당된다. 따라서 90°, 180°는 라디안으로 나타내면 각각 $\pi/2$, π로 표시된다. 이 중에서 특히 자주 사용되는 값들은

$$\sin 0 = 0,\ \sin\pi/2 = 1,\ \sin\pi = 0,\ \sin 3/2\pi = -1,\ \sin 2\pi = 0$$

$$\cos 0 = 1,\ \cos\pi/2 = 0,\ \cos\pi = -1,\ \cos 3/2\pi = 0,\ \cos 2\pi = 1$$

$$\tan 0 = \tan\pi = \tan 2\pi = 0$$

이다. 이때, $\sin x$와 $\cos x$는 2π를 주기로 하는 함수이므로

$$\sin x = \sin(x + 2n\pi)$$

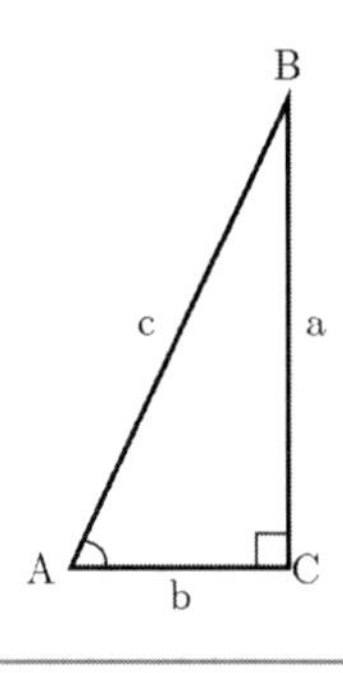

그림 2.4 삼각함수의 정의

$$\cos x = \cos(x + 2n\pi)$$

의 관계가 성립한다(n은 정수).

다음은 삼각함수에서 자주 사용되는 몇 가지 대표적인 공식이다.

$$\sin^2 x + \cos^2 x = 1$$

$$\sin(-x) = -\sin x,\ \cos(-x) = \cos x$$

$$\sin(a+b) = \sin a \cos b + \sin b \cos a$$

$$\cos(a+b) = \cos a \cos b - \sin a \sin b$$

삼각함수의 역함수는 다음과 같다.

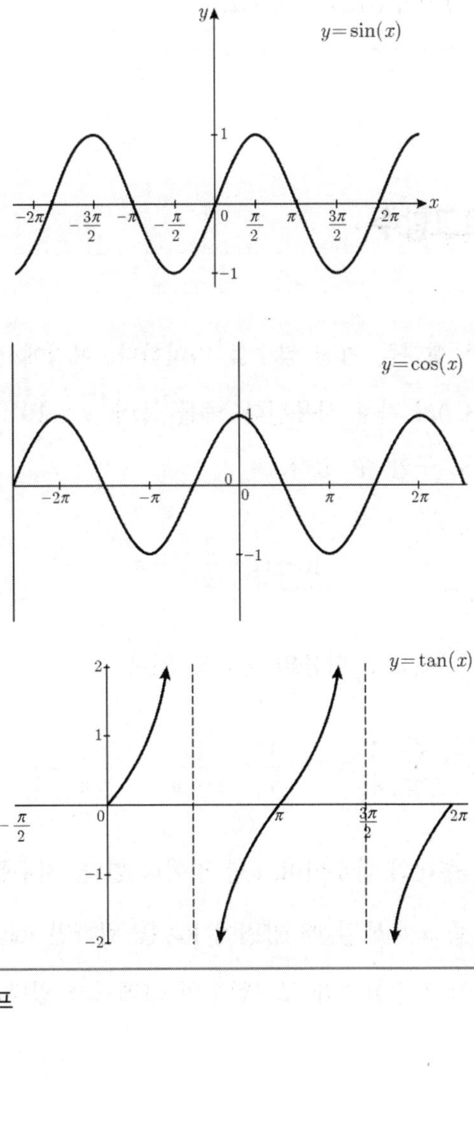

그림 2.5 삼각함수 그래프

$$\csc x = 1/\sin x = c/a$$

$$\sec x = 1/\cos x = c/b$$

$$\cot x = 1/\tan x = b/a$$

예제 2.4

x= 30°일 때, $\sin x$, $\cos x$, $\tan x$, $\csc x$, $\sec x$, $\cot x$의 값들을 구하시오.

» 해답

sin30° = 0.5, cos30° = 0.866, tan30° = 0.577,

csc30° = 2, sec30° = 1.155, cot30° = 1.732.

4 지수함수와 로그함수

지수함수란 $y = ab^x$ 형태를 가진 함수를 의미한다. 여기에서 a, b는 상수이며 b는 보통 2, 10, e(2.71828...)가 자주 사용된다. 예를 들어, $y = 10^x$, $y = e^{-x}$ 등이 있다. e의 값은 다음의 식으로 구할 수 있다.

$$\lim_{x \to \infty}(1 + \frac{1}{x})^x = e$$

자주 이용되는 e값의 계산으로 다음의 공식도 있다.

$$e = \sum_{n=0}^{\infty} \frac{1}{n!} = 1 + \frac{1}{1} + \frac{1}{1 \times 2} + \frac{1}{1 \times 2 \times 3} + \ldots$$

로그함수는 $y = \log_b x$ 형태의 함수이며, b를 밑이라 한다. 지수함수와 로그함수는 서로 밀접한 관계가 있다. 즉 $x = b^y$일 때 양변에 $\log_b$를 취하면 $\log_b x = \log_b b^y = y$가 된다. <그림 2.6>에 대표적인 지수함수와 로그함수의 그래프가 있다.

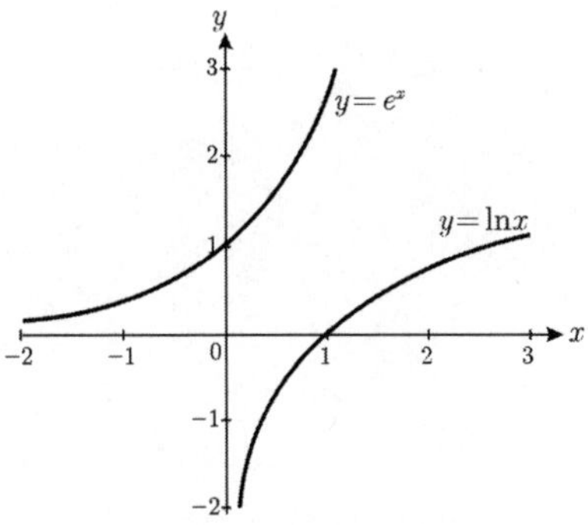

그림 2.6 $y = e^x$, $y = \ln x$의 그래프

지수함수에서 흔히 사용되는 공식들은 다음과 같다.

$$e^{x+y} = e^x e^y$$

$$(2^x)^y = 2^{xy}$$

로그함수에서는 일반적으로 밑은 10이나 e가 가장 많이 사용되고 있다. 이 경우 $\log_{10}x = \log x, \log_e x = \ln x$로 표시된다. 자주 사용되는 로그함수의 공식들은 다음과 같다.

$$\ln(xy) = \ln x + \ln y$$

$$\ln(x/y) = \ln x - \ln y$$

$$\ln(x^y) = y \ln x$$

$$x = e^{\ln x}$$

$$\log(xy) = \log x + \log y$$

$$\log(x/y) = \log x - \log y$$

$$\log(x^y) = y \log x$$

$$x = 10^{\log x}$$

예제 2.5

다음을 간략히 하시오.

(A) $\ln e^{x-y}$

(B) $\log(xy/(x+y))^2$

» 해답

(A) $x-y$

(B) $2\{\log xy - \log(x+y)\}$

$= 2(\log x + \log y - \log(x+y))$

5 쌍곡선 함수

아래의 함수들은 그 성질이 삼각함수와 유사한 점이 있어서 지수함수이나 수학에서는 이들을 쌍곡선 함수라 한다.

$$\sinh x = (e^x - e^{-x})/2$$

$$\cosh x = (e^x + e^{-x})/2$$

$$\tanh x = (e^x - e^{-x})/(e^x + e^{-x}) = \sinh x/\cosh x$$

<그림 2.7>에 $\sinh x, \cosh x, \tanh x$의 그래프가 있다.

쌍곡선 함수의 중요공식들은 다음과 같다.

$$\sinh(x+y) = \sinh x \cosh y + \cosh x \sinh y$$

$$\cosh(x+y) = \cosh x \cosh y + \sinh x \sinh y$$

$$\cosh^2 t - \sinh^2 t = 1$$

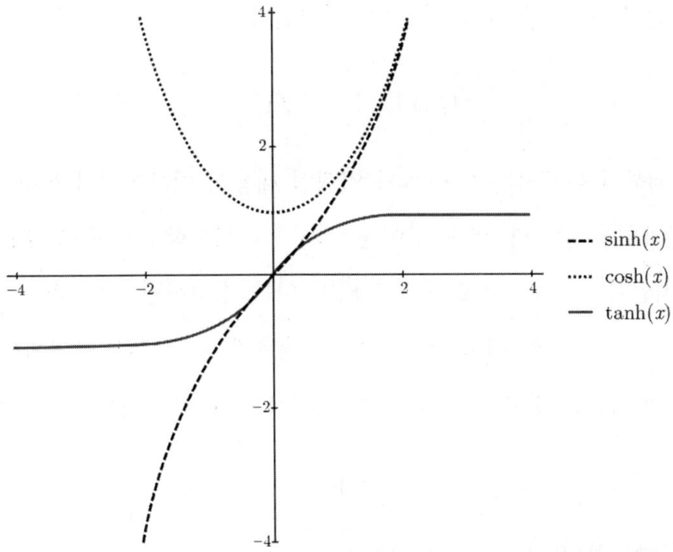

그림 2.7 $\sinh x, \cosh x, \tanh x$의 그래프

예제 2.6

$\sinh 0, \cosh 0, \tanh 0$의 값을 구하시오.

» 해답

$\sinh 0 = (1-1)/2 = 0$

$\cosh 0 = (1+1)/2 = 1$

$\tanh 0 = \sinh 0/\cosh 0 = 0$

6 역함수

$y = f(x)$라는 함수가 있을 때, 역함수는 다음과 같이 정의된다.

$$x = f(y)$$

역함수의 중요한 특성으로는 다음의 식이 성립한다.

$$(f(x)^{-1})^{-1} = f(x)$$

역함수가 존재하기 위해서는 $x \leftrightarrow y$가 일대일 대응이 이루어져야 한다. 그렇지 않으면 역함수는 존재하지 않는다. 예를 들어 $y = 2x + 1$라는 함수가 존재한다. 역함수는 x와 y를 서로 치환함으로써 $x = 2y + 1$이 되며 이를 정리하면 $y = 0.5x - 0.5$가 된다.

다음으로 함수 $y = e^x$에 내해 역함수를 구해보면 $x = e^y$의 양변에 ln을 취하여 $\ln x = \ln e^y = y$가 된다. 또한 역의 관계도 성립하여 $\ln x$의 역함수는 e^x이다.

$$x = \ln y$$

양변을 지수함수화 하면

$$e^x = e^{\ln y}$$

$$y = e^x$$

즉, e^x와 $\ln x$는 역함수 관계이다.

삼각함수 역시 역함수는 존재하며, $y = \sin x$에 대한 역함수는 $x = \sin y$가 되며 이때 역삼각함수의 식은 다음과 같다.

$$\arcsin x = \arcsin \sin y$$

$$y = \arcsin x$$

다만 arcsin 함수에서는 정의역(x)이 $-1 \le x \le 1$, 치역(y)이 $-\pi/2 \le y \le \pi/2$인 것에 주의하여야 한다. 역삼각함수는 $\sin^{-1}x$와 같이 표기되기도 한다. $y = \cos x$에 대해 역함수는 $\arccos x$이다. $\arccos x$에서도 정의역은 $-1 \le x \le 1$이나 치역은 $0 \le y \le \pi$이므로 주의하여야 한다. $y = \tan x$에 대한 역함수는 $y = \arctan x$가 된다. 이때, x는 모든 실수가 정의역이 되고 치역은 $-\pi/2 < y < \pi/2$가 된다.

쌍곡선함수 $\sinh x$에 대해서도 역쌍곡선함수 $\sinh^{-1}x$를 구할 수 있다. $y = \sinh x$에 대해 역함수는 $x = \sinh y$, 즉 $\sinh y = (e^y - e^{-y})/2$이므로

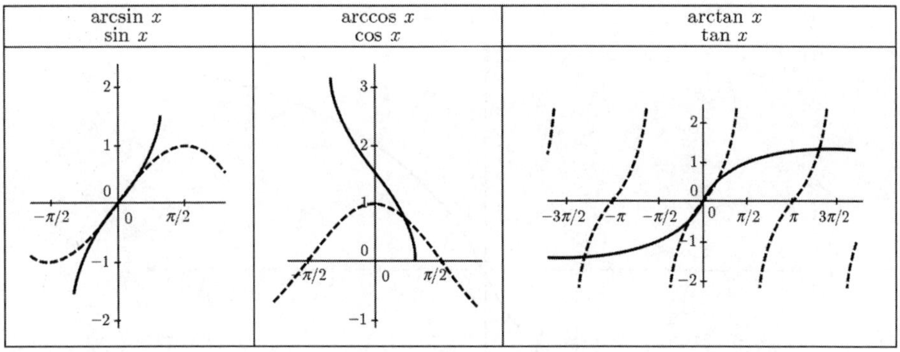

그림 2.8 arcsin$x$, arccos$x$, arctan$x$의 그래프

$$x = (e^{y} - e^{-y})/2$$

$$e^{y} - 2x - e^{-y} = 0$$

이다. 이후 양변을 e^{y}로 곱하면 $e^{2y} - 2xe^{y} - 1 = 0$, 즉 위 식은 e^{y}에 대한 근의 공식처럼 된다.

$$\begin{aligned} e^{y} &= (2x \pm \sqrt{(4x^2+4)})/2 \\ &= x \pm \sqrt{(x^2+1)} \end{aligned}$$

그런데 $e^{y} > 0$이므로 $e^{y} = x + \sqrt{(x^2+1)}$의 양변에 ln을 하면

$$y = \ln(x + \sqrt{(x^2+1)})$$

이므로, 따라서 $y = \sinh x$에 대한 역함수는

$$\sinh^{-1}x = \ln(x + \sqrt{(x^2+1)})$$

이다. $y = \sinh^{-1}x$의 정의역과 치역은 모든 실수영역이다. 이를 이용하여 유사하게 전개하면

$$\cosh^{-1}x = \ln(x + \sqrt{x^2-1})(\text{정의역: } x \geq 1,\ \text{치역: } \geq 0)$$

$$\tanh^{-1}x = 1/2\{\ln(1+x) - \ln(1-x)\}(\text{정의역: } -1 < x < 1,\ \text{치역: 모든 실수})$$

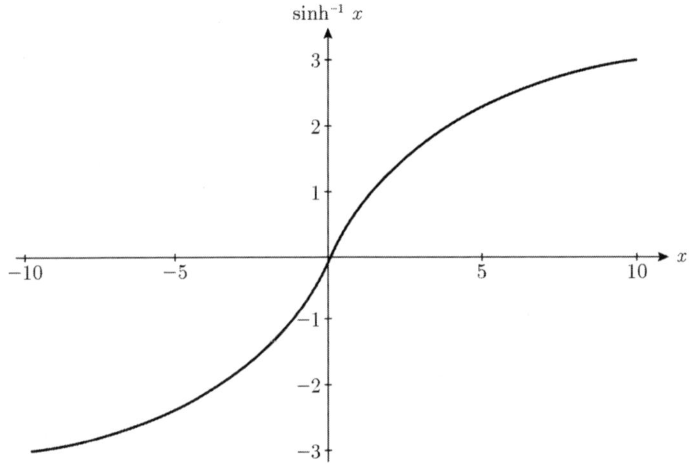

그림 2.9 $y = \sinh^{-1} x$의 그래프

$y = \sinh^{-1} x$의 그래프가 <그림 2.9>에 나타나 있다.

예제 2.7

다음 함수의 역함수를 구하시오.

(A) $y = e^{2x}$

(B) $y = -x + 7$

(C) $y = e^{x} \sin x$

» 해답

(A) $x = e^{2y}$

$\ln x = 2y$

$y = (\ln x)/2$

(B) $x = -y + 7$

$y = -x + 7$

(C) $x = e^{y} \sin y$

$\ln x = y + \ln \sin y$

7 우함수, 기함수

함수에서 자주 사용되는 특성으로 우함수(even function)와 기함수(odd function)가 있다. 우함수는 $f(-x)=f(x)$의 형태를 띠는 함수로 $x^2, x^4, x^6, \ldots, \cos x, e^{-x2}$ 등이 우함수이다. 기함수는 $f(-x)=-f(x)$의 특성을 가지는 함수로 $x, x^3, x^5, \ldots, \sin x$, $e^x - e^{-x}$ 등이 기함수이다. 우함수와 기함수의 특성을 잘 이용하면 적분 등의 연산을 쉽게 처리할 수 있기 때문에 수학문제에서 자주 이용된다.

또한, 우함수 × 우함수 = 우함수, 우함수 × 기함수 = 기함수, 기함수 × 기함수 = 우함수라는 특징이 있다.

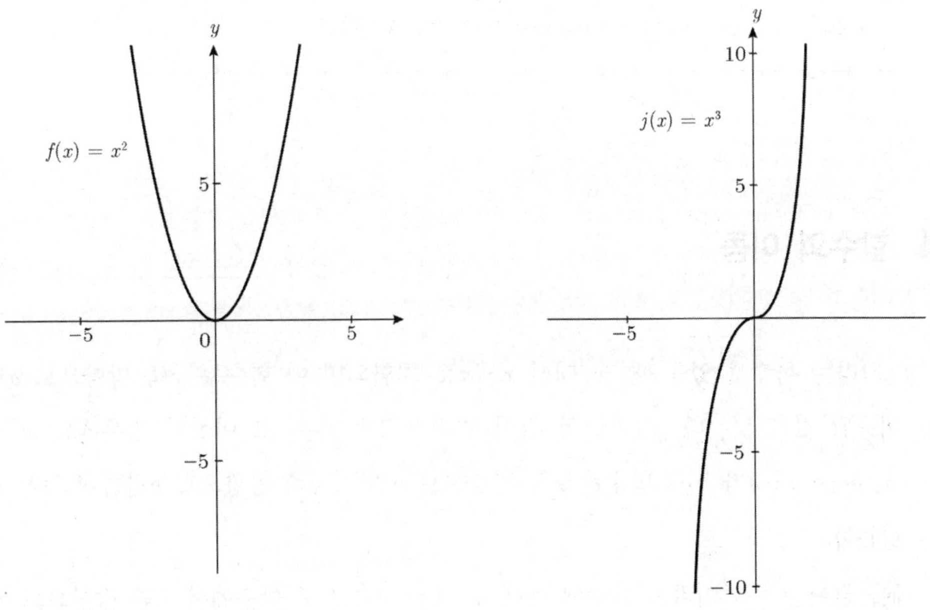

그림 2.10 대표적인 우함수 x^2과 기함수 x^3

예제 2.8

다음이 우함수인지 기함수인지 판단하시오.

(A) $|x| + 1$

(B) $x^2 + 3x - 1$

(C) $e^{-x2}\cos x$

(D) $\sinh x$

(E) $\cosh x$

» 해답

(A) $|-x| + 1 = |x| + 1$이므로 우함수이다.

(B) $(-x)^2 - 3x - 1 = x^2 - 3x - 1$이므로 우함수도, 기함수도 아니다.

(C) $e^{-(-x)2}\cos(-x) = e^{-(x)2}\cos(x)$이므로 우함수이다.

(D) $\sinh x = (e^x - e^{-x})/2$, $\sinh(-x) = (e^{-x} - e^x)/2 = -(e^x - e^{-x})/2 = -\sinh x$이므로 기함수이다.

(E) $\cosh x = (e^x + e^{-x})/2$

$\cosh(-x) = (e^{-x} + e^x)/2 = \cosh x$이므로 우함수이다.

---

8 함수의 이동

$f(x)$라는 함수가 있을 때, x 대신 $x-a$로 치환되면 이 함수는 x축 방향으로 a만큼 이동된 값을 갖는다. $f(x,y)$와 같이 변수가 2개 혹은 그 이상일 경우에도 $x \to x-a$, $y \to y-b$가 되면 함수는 x축 방향으로 a만큼, y축 방향으로 b만큼 이동된 값을 갖는다.

예를 들어 $f = x^2$이라는 함수에 대해 $g = (x-2)^2$은 f 함수에서 x축 방향으로 +2만큼 이동된 함수라는 의미이다.

$x^2 + y^2 = 4$와 같은 원의 방정식에서 이 원을 중심을 (0, 0)에서 (3, 4)로 이동시키면 $(x-3)^2 + (y-4)^2 = 4$와 같은 새로운 방정식이 만들어진다.

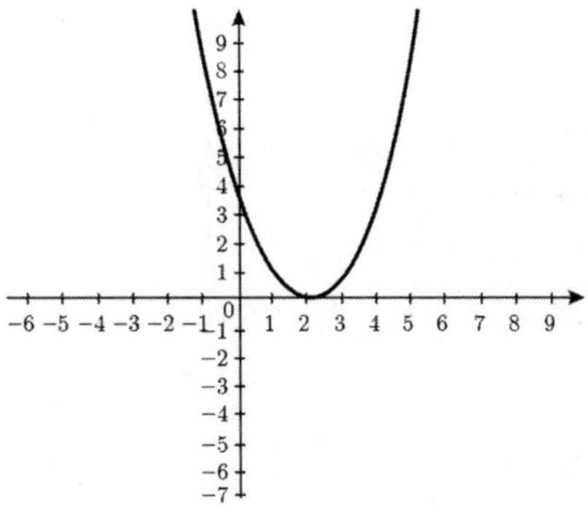

그림 2.11 $y=(x-2)^2$의 그래프

예제 2.9

다음 함수에서 x축 방향으로 +2, y축 방향으로 -1만큼 이동시킨 함수를 구하시오.

(A) $f = x + 3$

(B) $f = x^2 + y^3$

(C) $f = \sin x + \cos 3x$

(D) $f = e^x - \ln y$

» 해답

(A) $g=(x-2)+3=x+1$

(B) $g=(x-2)^2+(y+1)^3$

(C) $g=\sin(x-2)+\cos 3(x-2)$

(D) $g=e^{(x-2)}-\ln(y+1)$

9 계단함수

함수에 따라서는 $y=x^2$과 같이 매끄럽지 못하고 값들이 갑자기 변경되는 함수들도 있다. 단위 계단함수 $u(t)$가 대표적인데, 단위 계단함수는 헤비사이드(Heaviside) 계단

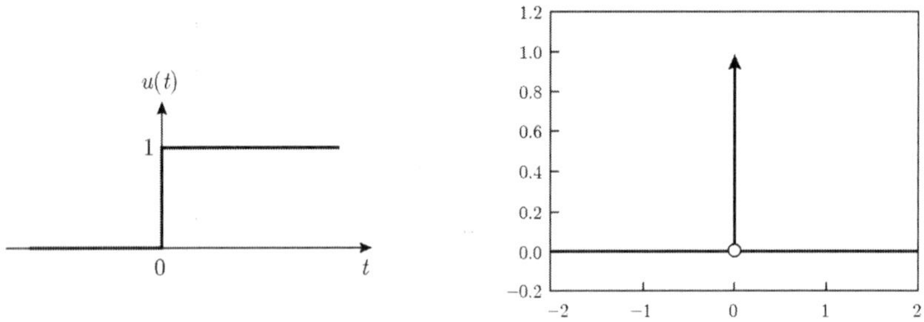

단위 계단함수 $u(t)$ 델타함수 $\delta(x)$

그림 2.12 단위 계단함수와 델타함수의 그래프

함수라고도 하며 H로 표기된다.

$$u(t) = \begin{cases} 0 & t \le 0 \\ 1 & t > 0 \end{cases}$$

델타함수 $\delta(x)$는 다음과 같이 정의된다.

$$\delta(x) = \begin{cases} \infty & x = 0 \\ 0 & x \ne 0 \end{cases}$$

$$\int_{-\infty}^{\infty} \delta(x) dx = 1$$

<그림 2.12>는 단위 계단함수와 델타함수의 그래프이다.

단위 계단함수에서 y축의 값이 k이면 $ku(t)$로 표시된다. 그리고 단위 계단함수는 다른 함수의 곱으로도 사용되는데, 예를 들어 $y = \sin x$에서 $x > 0$인 경우만 존재하면 $y = \sin x\, u(t)$로 쓸 수 있다.

단위 계단함수를 좀 더 응용하면 <그림 2.13>과 같은 함수도 식으로 표시할 수 있다. 이러한 형태의 함수들은 전자기학 등에서 주로 등장하며 라플라스 변환, 푸리에 변

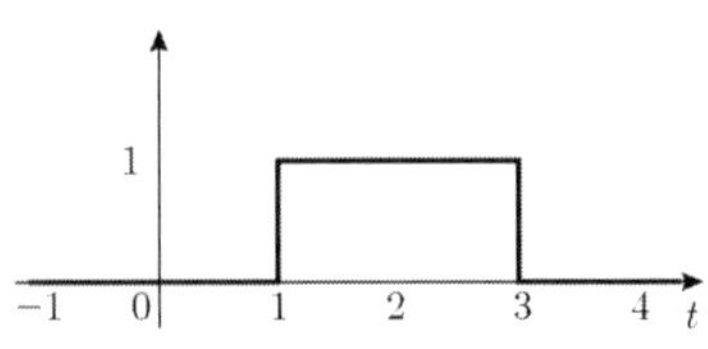

그림 2.13 $f(t) = u(t-1) - u(t-3)$

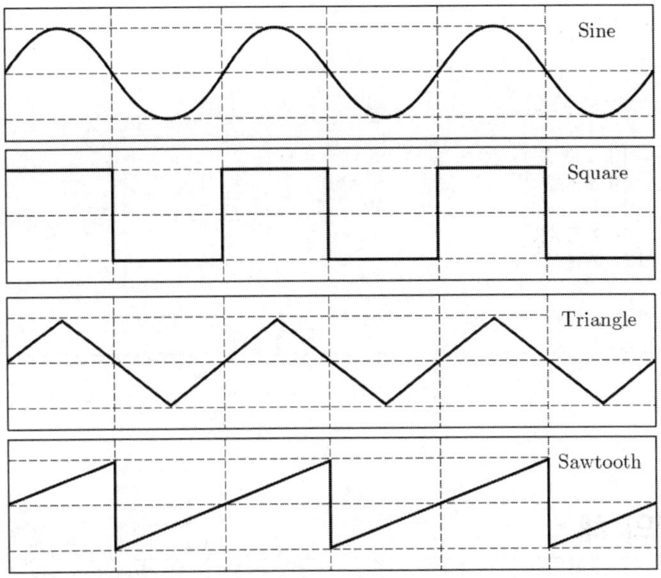

그림 2.14 다양한 형태의 주기함수들

환 등에서 유용하게 사용된다.

square wave 함수는 다음의 식으로 표시된다.

$$2\sum_{n=-\infty}^{\infty}\left[u\left(\frac{t}{T}-n\right)-u\left(\frac{t}{T}-n-\frac{1}{2}\right)\right]-1$$

부호함수(sgn function)란 아래과 같이 정의되고 이 함수 또한 전산, 정보통신 등의 분야에서 유용하게 사용된다.

$$sgn\,x := \begin{cases} -1 & \text{if } x<0 \\ 0 & \text{if } x=0 \\ 1 & \text{if } x>0 \end{cases}$$

예제 2.10

다음의 함수들을 x축에 따라 +2만큼 이동시키면 각 함수는 어떻게 되는가?

(A) $3u(x)$

(B) $\delta(x)$

(C) $u(x-1)-u(x-3)$

» 해답

(A) $3u(x-2)=\begin{cases}3, x \geq 2 \\ 0, x < 2\end{cases}$

(B) $\delta(x-2)=\begin{cases}\infty, x=2 \\ 0, \ \ x \neq 2\end{cases}$

(C) $u(x-3)-u(x-5)$

10 방정식의 해

함수가 특정한 값을 갖는 미지수 x를 계산해야 하는 일은 수학에서 매우 자주 등장한다. 예를 들어, $y=x^2+x-2=0$와 같은 경우에는 특정한 x값만이 식을 충족할 수 있다. 즉, 함수의 해를 구한다는 것은 $f(x)=0$에 대해 만족하는 x값을 구하는 것을 말한다. 이 책에서 보았듯이 함수 중에는 $f(x)=x-1$과 같이 간단한 함수도 있지만 매우 복잡한 함수도 여러 가지 존재한다.

$f(x)=x-1$이라는 함수가 있을 때, $f(x)=0$을 만족하는 x는 1뿐이다. 즉, $f(x)=x-1=0$에 여러 x값들을 대입하면 함수가 참, 또는 거짓이 된다. 이러한 형식의 식을 방정식이라 하며, 참이 되는 $x=1$을 '근' 또는 '해'라하고 이처럼 방정식의 해를 구하는 과정을 '방정식을 푼다'라고 한다. 함수 $f(x)=0$에서 해는 $f(x)$와 $x=0$이 만나는 점이라 할 수 있고 그 종류는 <그림 2.15>와 같다.

방정식의 해는 몇 개 있을 수도 있고, 많을 수도 있으며, 아예 없을 수도 있다. 예를 들어, $-x+3=0$의 방정식이 있으면 그 해는 $x=3$이 된다. 그리고 $y=-x+3$과 같은 함수가 있다고 할 때, 이 식을 만족시키는 값들은 x, y의 세트를 이룬다. 즉 {0, 3}, {1, 2}, {2, 1} ... 등 무수히 많은 해가 존재할 수 있다. 또한, $\sin x=0$을 만족시키는 해 또한 무수히 많은 값이 존재한다. 하지만 $0x=5$와 같은 방정식에서는 그 어떠한 x 값들도 이 식을 충족하지 못하므로 해가 없는 경우이다.

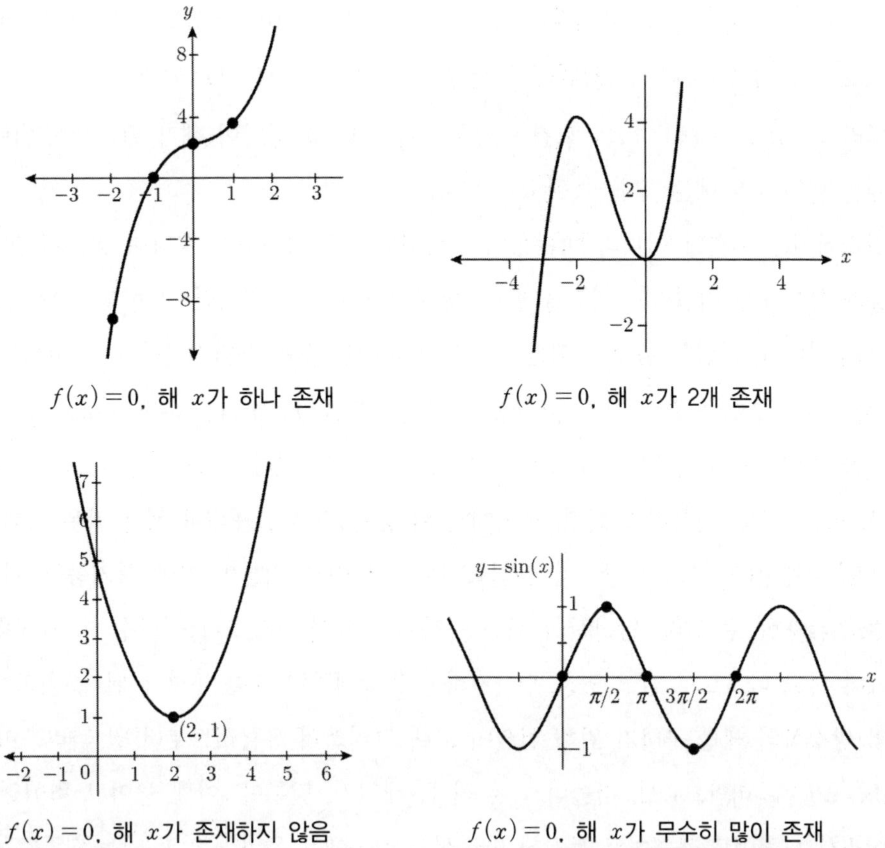

$f(x)=0$, 해 x가 하나 존재

$f(x)=0$, 해 x가 2개 존재

$f(x)=0$, 해 x가 존재하지 않음

$f(x)=0$, 해 x가 무수히 많이 존재

그림 2.15 함수의 해의 종류

가우스의 대수방정식의 일반정리에 따라

$$a_1x_1 + a_2x_2 + a_3x_3 + \dots + a_nx_n = 0$$

과 같이 미지수가 n개인 식이 있으면 일반해를 구하기 위해서는 n개의 방정식이 필요하다. 즉, $x+2=3$은 미지수가 x 한 개이니 하나의 식으로 그 해를 충분히 구할 수 있다. $x=3-2=1$이 해가 된다.

만약 미지수가 2개이면 정확한 해를 구하기 위해서는 방정식이 2개 있어야 한다. 예를 들어, $x+y=1, x-y=1$의 해는 $x=1$, $y=0$이 정확한 해이다. 그러나 상황에 따라 미지수가 2개 이상이면서 방정식은 미지수 개수보다 작은 경우가 있다. 이 경우에는 그 해가 무수히 많이 있을 수 있으며 집합 { }으로 표기된다. 예를 들어, 원의 공

식 $x^2+y^2=1$을 충족하는 해는 $x=1$, $y=0$, {1,0}이 있고 이외에도 {0,1}, $\{1/\sqrt{2}, 1/\sqrt{2}\}$ 등 무수히 많은 해가 존재한다. 그러나 모든 $\{x, y\}$가 해가 되는 것이 아니라 $\{x, y|\ x^2+y^2=1\}$의 조건을 충족시키는 $\{x, y\}$들만이 해가 된다. 즉, 이런 경우에는 방정식의 해는 집합의 원소가 된다.

방정식에는 이뿐만 아니라 미분형태로 나타나는 방정식들이 상당히 많으며 이들은 이공계 분야에서 핵심적인 역할을 한다. 방정식이 일단 세워지면 그 해를 구하는 과정이 필수적이다. 다양한 함수의 해를 구하기 위해서는 많은 수학적 도구가 필요하다. 관련 함수로는 우리가 흔히 사용하는 대수함수인 x^n, $1/x$, $\sin x$, $\cos x$, $\tan x$, e^x, $\ln x$와 같은 함수 또는 이들의 조합으로 해가 구해질 수도 있다. 또한, 복소수, 벡터, 행렬, 급수, 미분, 적분, 라플라스 변환, 푸리에 변환 등을 전부 활용해야 해가 겨우 구해지는 경우도 존재한다. 그리고 함수가 불연속적이어서 미분 적분이 아예 불가능한 괴상한 함수도 존재할 수 있다. 방정식의 해를 구하기 위해선 무엇보다도 함수 그 자체를 이해해야 하고 다음으로 알고 있는 수학지식을 총동원하여 해를 구하게 된다. 이러한 함수와 방정식의 해를 구하기 위해 일찍이 고대 그리스의 유클리드부터 알 콰리즈미, 가우스, 오일러, 리만, 코시, 라플라스, 푸리에, 테일러, 갈루아, 아벨 등이 노력했었다.

이러한 노력에도 불구하고 복잡한 방정식의 경우에는 우리가 알고 있는 함수로는 해를 얻지 못하는 경우가 존재한다. 이때에는 컴퓨터를 이용한 수치해석 방법으로 해를 구한다. 그러나 수치해석적 방법은 전체 함수의 형태를 알지 못하고 그 값들만 알 수 있다는 문제점이 있다. 최근에는 인공지능을 통하여 컴퓨터를 학습시켜서 복잡한 방정식의 해를 해석함수로 구하는 방식도 활발히 연구되고 있다.

제약산업도 함수 및 방정식과 밀접한 연관이 있다. 모든 의약품은 생산 전에 밸리데이션이 되어야 하는데 품질 보증을 위해서 의약품의 주성분에 대한 함수를 만들어야 한다. 정제의 생산을 예로 들면 다음과 같다.

주성분의 함량 = a(주성분의 원료순도) + b(정제의 질량) + c

또한 신약개발을 위한 후보물질의 탐색에도 AI가 적극 활용되어 예년에 비하면 상상도 못할 속도로 의약품개발이 이루어지고 있기도 하다. 이러한 분야에서도 당연히 함수와 방정식이 사용된다. 컴퓨터는 기본적으로 입력 → 연산 → 결과 출력으로 구성되는데 이것을 함수로 바꾸면 x값 → 연산 → $f(x)$ 출력 과정과 동일하다.

아래의 예에서 다양한 방정식의 해를 구하는 방법에 대해 잠시 맛만 보기로 한다. 해를 구하는 구체적인 방법은 본 교재 전체를 통하여 배우게 된다. 그리고 다음의 예제에서 보듯이 현대수학의 난제 대부분은 함수와 방정식 문제이다. 본 교재는 이러한 함수와 방정식의 해를 구하는 과정에 있어서 기본적인 지식정도를 제공한다. 보다 고차원적인 복잡한 함수와 그 방정식의 해를 구하기 위해서는 관련분야 전문 서적을 공부하길 바란다.

예제 2.11

다음 방정식의 해를 구하시오.

(A) $x^2 + x - 2 = 0$

(B) $ax^2 + bx + c = 0(a \neq 0)$

(C) $\cos 2x = 1$

(D) $e^x - 1 = 0$

(E) $\ln x = e$

(F) $dy/dx = 1$

(G) $x^2 + y^2 = 1$ (피타고라스 정리)

(H) $x + y + z = 1$ (평면의 방정식)

(I) $x_1 - 2x_2 + 3x_3 = 7$ (연립방정식)

$x_2 - 2x_3 = 1$

$4x_1 + 3x_2 - x_3 = 0$

(J) $dx/dt = 2x - 3y$

$dy/dt = -2x + y$

$x(0) = 1, y(0) = -1$ (연립미분방정식)

(K) $x^n + y^n = z^n(x, y, z$는 자연수, $n \geq 3$인 자연수, 페르마의 마지막 정리)

(L) $1 + 1/2^s + 1/3^s + 1/4^s + \ldots = 0$을 만족하는 복소수 s(리만 가설)

(M) 5차 방정식($x^5 + ax^4 + bx^3 + cx^2 + dx + e = 0$)의 일반해

(N) $\frac{\partial}{\partial t}gt = -2Ric^{gt}$(밀레니엄 문제 중 유일하게 해결된 푸앙카레 추측의 해를 구하는 데 사용된 공식)

(O) $\frac{\partial u}{\partial t} + (u \cdot \nabla)u = f - \frac{1}{\rho}\nabla p + \nu \Delta u$(Navier Stokes 방정식, 밀레니엄 문제)

(P) 강 사이에 있는 다리를 한번씩만 건너는 방법이 있는가?(유명한 Konigsberg 다리 문제)

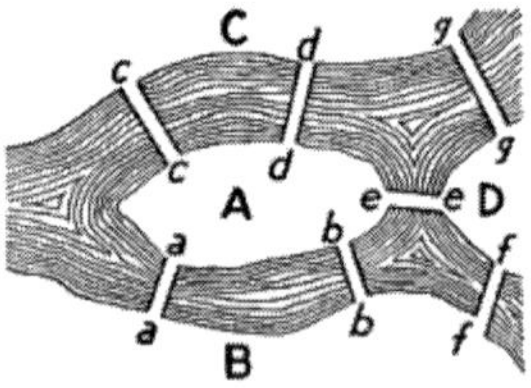

» 해답

(A) $(x-1)(x+2)=0$

$x = 1,\ -2$

(B) $x_{1,2} = \frac{-b \pm \sqrt{b^2-4ac}}{2a}$

(C) cos 값이 1이 되는 경우는 $2n\pi$이므로

$2x = 2n\pi$

$x = n\pi$(n 자연수)

(D) $e^x = 1$

양변에 ln을 하면

$\ln e^x = \ln 1$

$\ln e^x = x = 0$

(E) $\ln x = e$

양변을 지수함수화 하면

$e^{\ln x} = e^e$

$e^{\ln x} = x = e^e = 15.154...$

(F) $dy/dx = 1$

$dy = dx$

양변을 적분하면

$$\int dy = \int dx$$

$y = x + c$(상수)

(G) (0,1), (1,0), $(\sqrt{1/2}, \sqrt{1/2})$, ...

(H) (0,0,1), (1,0,0), (0,1,0), $(-1,\ 4,\ -2)$,...

(I) $x_1 = 42/9$, $x_2 = -69/9$, $x_3 = -39/9$(예제 5.3 참조)

(J) $x = -1/5e^{-t} + 6/5e^{4t}$

$y = -1/5e^{-t} - 4/5e^{4t}$(예제 11.5 참조)

(K) 해가 없음(Andrew John Wiles 증명)

(L) 미해결(수학사상 가장 어려운 난제인 리만가설 문제)

(M) 갈루아(Évariste Galois)와 아벨(Niels Henrik Abel)에 의해 일반해가 없음이 증명.

(N) 페렐만(Grigori Yakovlevich Perelman)이 해결함. 그러나 $1,000,000는 거부함.

(O) 미해결(정답을 구하면, $1,000,000의 상금이 있다.)

(P) 답은 없음. 오일러가 해결함. 아래와 같은 그래프 문제로 변환하여 불가능함을 증명함.

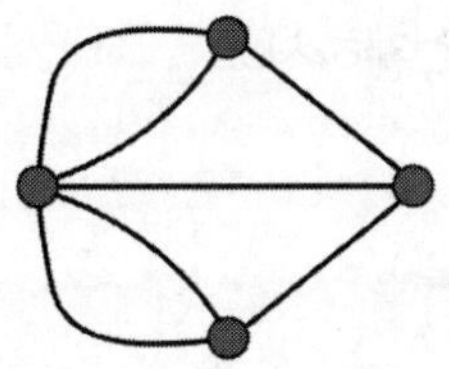

연습문제

1 미분 불가능한 함수의 예를 하나 드시오.

2 제약회사에서 정제생산을 위한 모델링의 결과 다음 식을 얻었다.

$$y = 200 + 5.2x_1 + 0.56x_2$$

(y: 주성분의 함량, x_1: 주성분의 순도, x_2: 정체의 총 질량 mg)

이 정제의 주성분 순도가 0.99(99%)이고 질량이 500mg일 때, 기대되는 주성분의 함량은 얼마인가?

3 $\sin 2x$를 $\sin x \cdot \cos x$로 전개하시오.

4 $\cosh x - \sinh x$를 구하시오.

5 $a^{\ln b} = b^{\ln a}$임을 보이시오.

6 $\cosh^{-1} x = \ln(x + \sqrt{x^2 - 1})$임을 보이시오(정의역: $x \geq 1$, 치역: $y \geq 0$).

7 $y = 2x^2$의 역함수를 구하시오(단, $x > 0$).

8 $\sinh x \cdot \cosh x$는 우함수인가 기함수인지 판단하시오.

9 다음 함수를 x축 방향으로 -1, y축 방향으로 +1 이동한 함수를 구하시오.

(A) $x^3 - 1$

(B) $e^{-x} \ln x$

(C) $\sin 3x^2 / \cos 4y$

(D) $2u(x-2)$

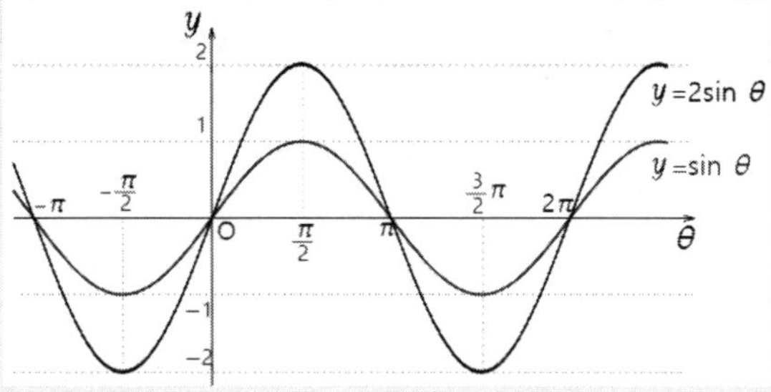

삼각함수의 기원은 지금으로부터 약 4,000년 전인 기원전 2,000년 고대 이집트와 바빌론의 수학까지 거슬러 올라간다. 삼각함수에 대한 조직적인 연구는 고대 그리스 시대에서 시작되었으며, 그리스 점성술의 일환으로 인도에 전해졌다. 인도에서는 굽타왕조 때 삼각함수의 연구가 특히 왕성하였으며, 아르야바티야(Aryabhatiya, 476 ~ 550)가 사인(sin) 함수를 발견했다고 전해진다. 중세 시기에는 이슬람 수학자들이 삼각함수를 연구하였으며 6종류의 삼각함수가 모두 알려지게 되었다. 특히 알 콰리즈미(al-Khwarizmi, 780 ~ 850)가 이슬람 수학자로서 명성이 높았다. 참고로 수학에서 논리학을 알고리즘(Algorithm)이라 하는데, 이 말은 이슬람 수학자 알 콰리즈미의 라틴어 번역이다.

서유럽에서는 르네상스 시대에 레기오몬타누스(Regiomontanus, 1436 ~ 1476)가 아랍 및 그리스 수학문헌을 번역하여 삼각함수가 소개되었다. 17세기에 들어서 뉴턴(Isaac Newton, 1643 ~ 1727)과 스털링(James Stirling, 1692 ~ 1770)이 삼각함수에 대한 연구를 하여 새로운 공식들을 발견하였다. 18세기에 와서 오일러(Leonard Euler, 1707 ~ 1783)가 우리가 현재 사용하는 삼각함수의 기호를 쓰기 시작하여 보편화 되기 시작했다. 푸리에(Joseph Fourier, 1768 ~ 1830)는 삼각함수를 이용하여 함숫값을 구하는 방식에 대해 깊이 연구하였으며, 이들은 푸리에 급수(Fourier series)라는 이름으로 현대수학, 기기분석에서 널리 사용되고 있다.

3장

평면과 공간의 방정식

1 2차원 평면

2차원 좌표계는 x축과 y축이 수직을 이루는 좌표계로서, 흔히 (a, b)로 표시되고 직교좌표계라고도 하며 (2, 3), (−1, 5) 등이 예이다. 그리고 $y=2x+1$의 식에서 보듯이 (0, 1), (1, 3), (2, 5) ... 등의 집합 또한 2차원 좌표계에서 직선으로 표시된다. 2차원 좌표계에서 직선의 일반형은 다음과 같다.

$$ax + by + c = 0,\ (a, b, c\text{: 상수}) \quad \text{(직선의 일반식)}$$

이 식을 더욱 축약하면 $y=px+q$로 표현된다(p, q는 모두 상수).

2차원 좌표계 점 $(x_1,\ y_1)$에서 점 $(x_2,\ y_2)$ 까지의 거리 d는 피타고라스 정리의 식으로 표현할 수 있다.

$$\mathrm{d} = \sqrt{(x_2-x_1)^2+(y_2-y_1)^2}$$

2차원 좌표계에서 중심점이 (a, b)이고, 반지름이 r인 원의 방정식은 다음과 같다.

$$(x-a)^2+(y-b)^2=r^2 \qquad \text{(원의 일반식)}$$

특히 중심점이 $(0, 0)$일 때, 위 식은 다음과 같이 되며 이를 원의 표준형이라 한다.

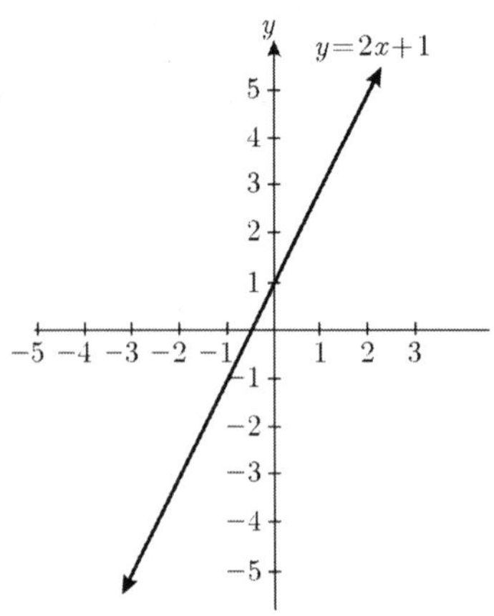

그림 3.1 $y=2x+1$의 그래프

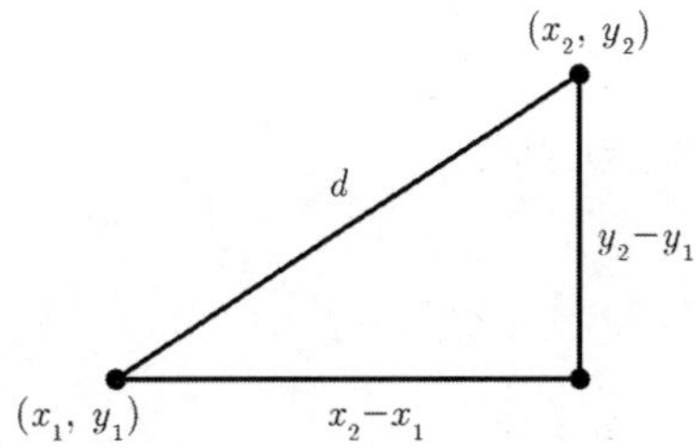

그림 3.2 두 점 $(x_1,\ y_1)$과 점 $(x_2,\ y_2)$까지의 거리 d

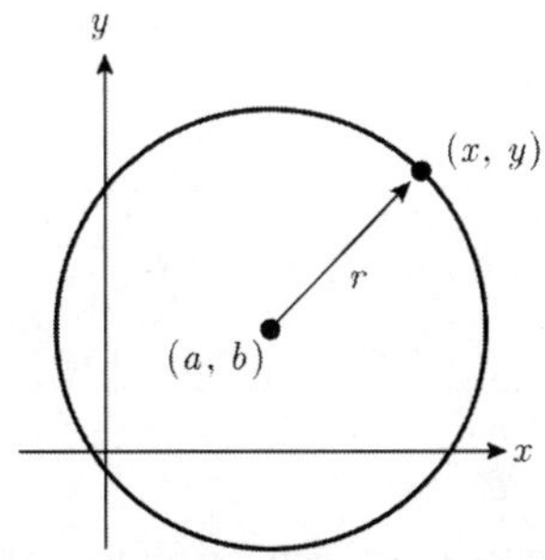

그림 3.3 중심 (a,b), 반지름 r인 원

$$x^2 + y^2 = r^2$$

원의 방정식을 일반 다항식으로 전개하면 다음과 같이 되며 이를 원의 일반형이라 한다.

$$x^2 + y^2 + 2dx + 2ey + f = 0$$

예제 3.1

(A) 2차원 좌표계에서 (1, 4), (3, 8)을 지나는 직선의 방정식을 구하시오.

(B) 중심이 (1, 2)이며, 반지름이 5인 원의 방정식을 구하시오.

» 해답

(A) 직선의 방정식을 $y = px + q$라 하면

$4 = p + q$

$p = 4 - q$

$8 = 3p + q = 3(4 - q) + q = -2q + 12$

$q = 2$

$p = 2$

$y = 2x + 2$

(B) $(x-1)^2 + (y-2)^2 = 5^2$

$x^2 - 2x + 1 + y^2 - 4y + 4 = 25$

$x^2 + y^2 - 2x - 4y - 20 = 0$

2차원 평면을 x, y의 직교좌표뿐만 아니라 거리 r, 각도 θ를 이용한 극좌표로도 표현할 수 있다(그림 3.4 참조). 이 경우

$$x = r\cos\theta$$

$$y = r\sin\theta$$

가 성립한다.

삼각함수의 공식을 적용하면 $\sin^2\theta + \cos^2\theta = 1$이 되므로 $x^2 + y^2 = r^2$의 공식이 성립한다. 따라서, $r = \sqrt{(x^2 + y^2)}$이 되며, $\tan\theta = y/x$가 된다. 즉, $\theta = \arctan(y/x)$이다.

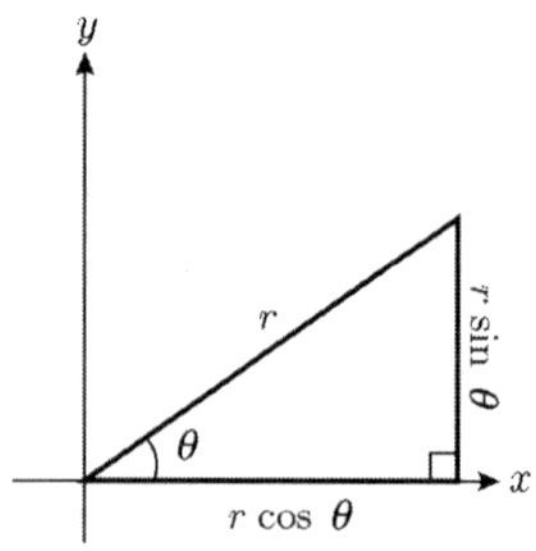

그림 3.4 이차원 극좌표계 (r, θ)

예제 3.2

(A) (1, 1)을 r, θ 좌표계로 표시하시오.

(B) $r = 2, \theta = \pi$를 x, y 직교좌표계로 나타내시오.

» 해답

(A) $r = \sqrt{2}$

$\tan\theta = 1$

$\theta = \pi/4(45°)$

$(\sqrt{2}, \pi/4)$

(B) $x = r\cos\theta = 2\cos\pi = -2$

$y = r\sin\theta = 2\sin\pi = 0$

$(-2, 0)$

2 2차원 타원, 쌍곡선, 포물선

2차원에서는 직선, 원 이외에도 타원, 쌍곡선, 포물선 등의 다양한 형태의 방정식이 존재한다.

2차원 타원 방정식의 일반식은 다음과 같다.

$$x^2/a^2 + y^2/b^2 = 1 \quad \text{(타원 방정식)}$$

쌍곡선 방정식은 다음과 같이 표현된다.

$$x^2/a^2 - y^2/b^2 = 1 \quad \text{(쌍곡선 방정식)}$$

암호학에서 널리 사용되는 포물선의 방정식은 다음과 같이 표현된다.

$$y^2 + px + qy + r = 0 (p \neq 0) \quad \text{(포물선 방정식)}$$

포물선의 형태는 매우 다양하나 그중 간단한 몇 가지 형태만 알아보자.

$y = a(x-h)^2 + k$의 포물선은 꼭짓점이 (h, k)이다. 꼭짓점이 $(0, 0)$인 경우에는 $y = ax^2$의 형태가 된다. x축에 대칭인 포물선도 존재하며 이때는 다음과 같이 된다.

$$x = a(y-k)^2 + h$$

타원, 쌍곡선, 포물선의 그래프가 <그림 3.5>에 나타나 있다. 원, 타원, 쌍곡선, 포물선은 이중원뿔을 특정한 각도에서 자른 형태임을 알 수 있다. 그리고 이들 이차곡선의 일반형은 다음의 방정식으로 표현된다.

$$f(x, y) = ax^2 + by^2 + 2kxy + 2px + 2qy + c = 0$$

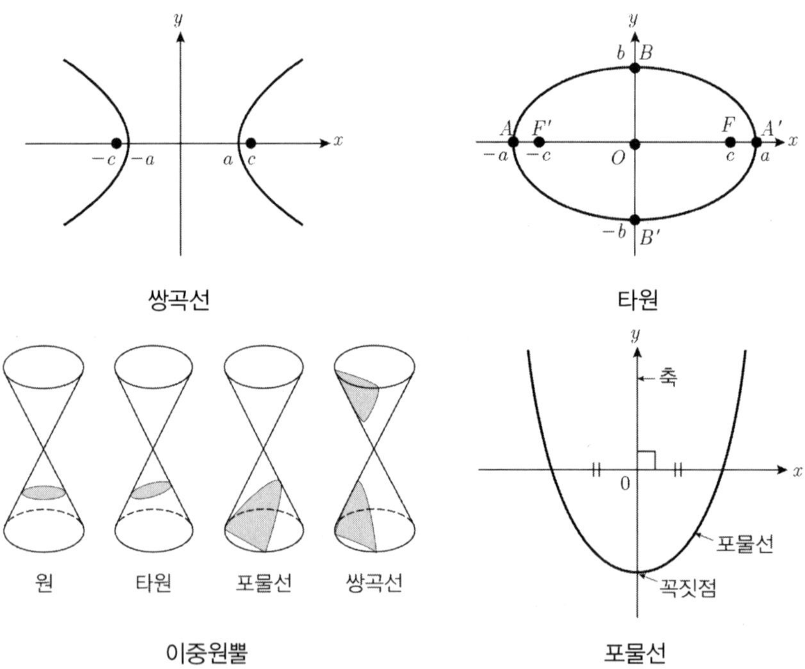

그림 3.5 쌍곡선, 타원, 이중원뿔, 포물선의 그래프

예제 3.3

다음의 그래프를 그리시오.

(A) $x^2/25 + y^2/16 = 1$

(B) $x^2/5 - y^2/9 = 1$

(C) $y = x^2 + 4x + 3$

(D) $y^2 = 24x$

» 해답

(A) 타원

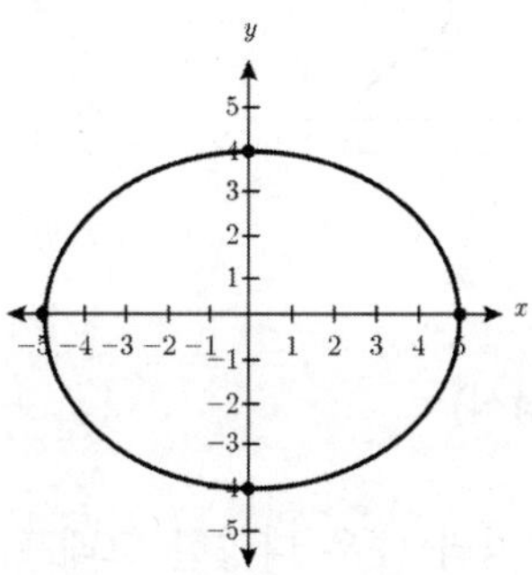

(B) 쌍곡선

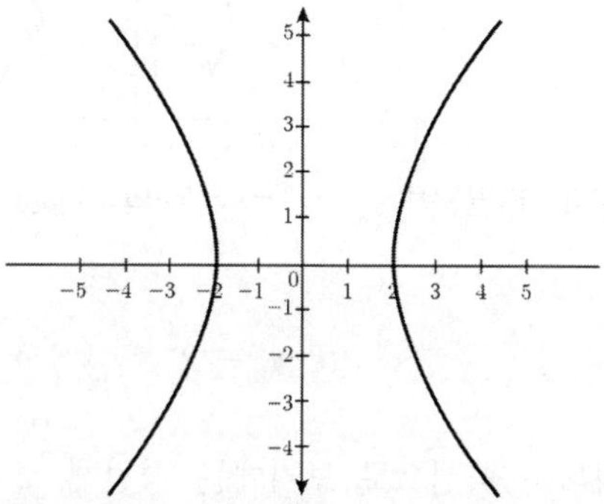

(C) 포물선

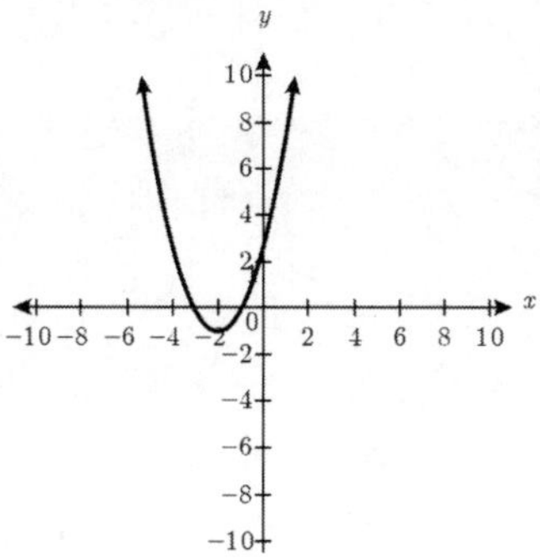

(D) 포물선

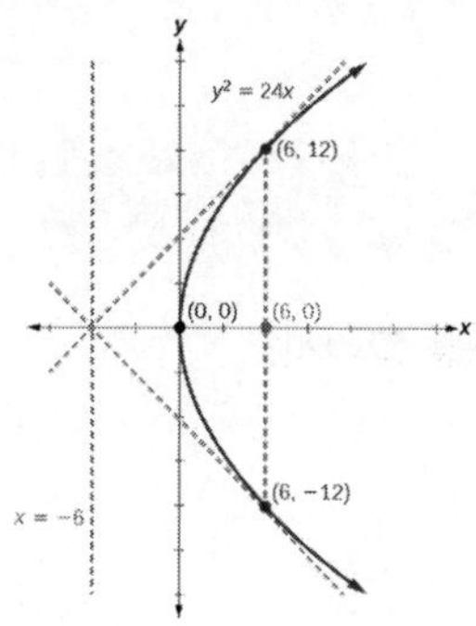

현대의 수학에서는 특히 암호학과 관련하여 다음과 같은 타원곡선(elliptic curve)이 깊이 연구되고 있다. 타원곡선은

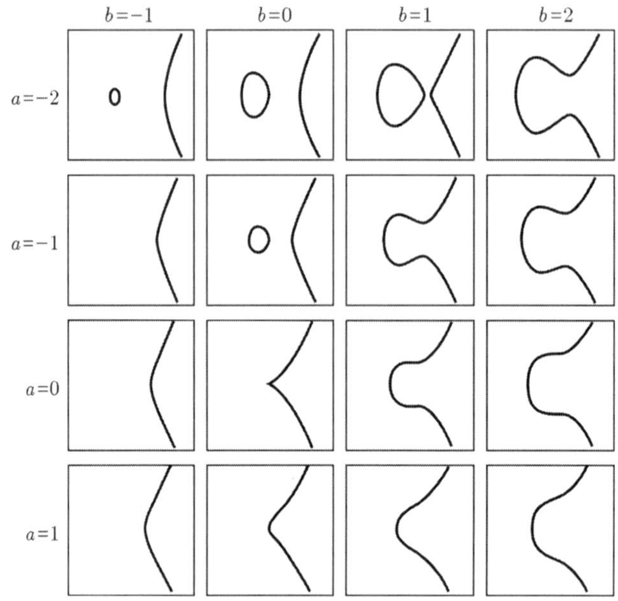

그림 3.6 타원곡선 $y^2 = x^3 + ax + b$의 다양한 형태

$$y^2 = x^3 + ax + b \quad \text{(타원곡선 방정식)}$$

인 형태의 곡선으로 보기에는 평범해 보이나 a, b의 값에 따라 매우 다양한 그래프가 그려진다. 이러한 이유로 인해 이 곡선의 값들이 암호와 관련되어 널리 사용된다.

예제 3.4

다음의 그래프를 그리시오.

(A) $y^2 = x^3 - x$

(B) $y^2 = x^3 - x + 1$

» 해답

(A)

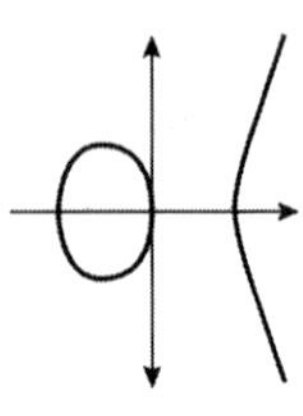

$y^2 = x^3 - x$

(B)

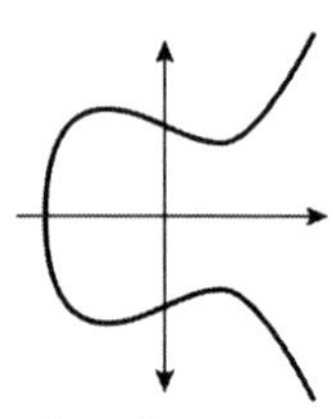

$y^2 = x^3 - x + 1$

3 3차원 공간

3차원의 직교좌표계 <그림 3.7>은 (x, y, z)와 같은 3개의 수로 표시된다. 보통 이를 x축, y축, z축이라 칭한다. 점 (x_1, y_1, z_1)에서 점 (x_2, y_2, z_2)까지의 거리 r은 다음의 식으로 표시된다.

$$r = \sqrt{(x_1 - x_2)^2 + (y_1 - y_2)^2 + (z_1 - z_2)^2}$$

예제 3.5

{1, 2, 3}과 {2, 3, 4}의 거리는 얼마인가?

» 해답

$$r = \sqrt{(2-1)^2 + (3-2)^2 + (4-3)^2} = \sqrt{3}$$

3차원 좌표계에서 평면의 방정식은 다음의 일반식으로 주어진다.

$$ax + by + cz + d = 0(\text{단, } a, b, c, d : \text{ 상수})$$

직선의 방정식과 비교하면 cz항이 추가된 것을 알 수 있다. 3차원 타원면의 공식은 다음과 같다.

$$x^2/a^2 + y^2/b^2 + z^2/c^2 = 1 \quad (\text{타원면 방정식})$$

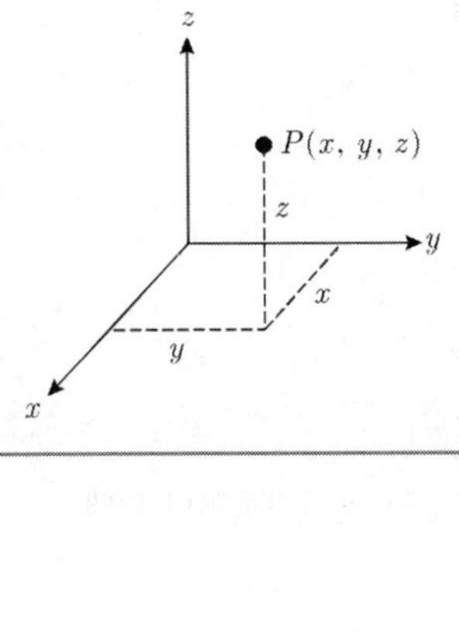

그림 3.7 3차원 직교좌표계

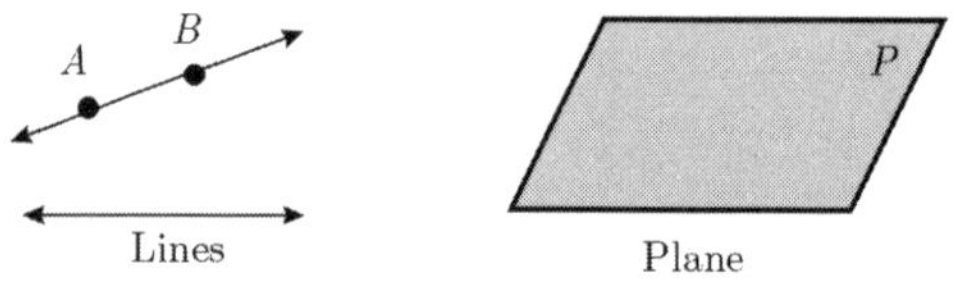

그림 3.8 평면과 직선

이때, $a=b=c$라면 구의 형태가 되고 타원면의 부피는 다음과 같다.

$$V=4/3\,\pi abc$$

쌍곡면의 방정식은 다음과 같이 주어진다.

$$x^2/a^2+y^2/b^2-z^2/c^2=1 \quad (\text{쌍곡면 방정식})$$

특히 <그림 3.9>에 있는 이중원뿔은 다음의 식으로 표시된다.

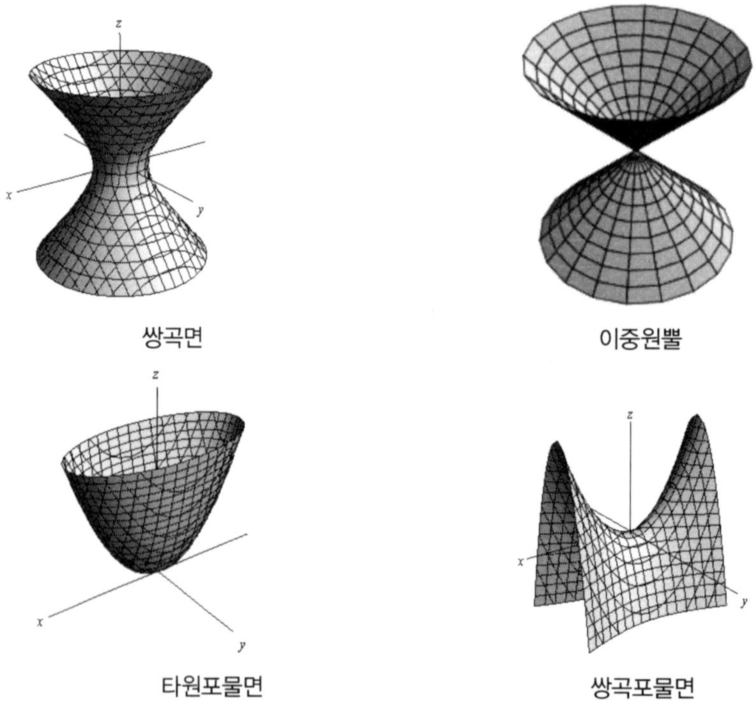

그림 3.9 쌍곡면, 이중원뿔, 타원포물면, 쌍곡포물면의 형태

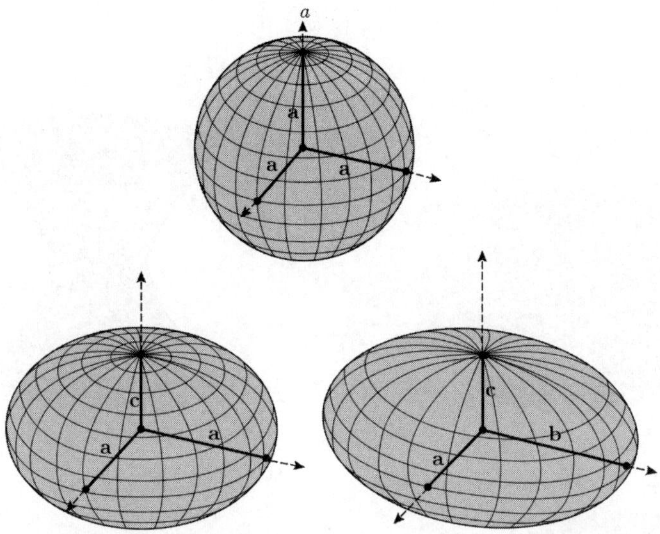

그림 3.10 타원면의 형태

$$x^2/a^2 + y^2/b^2 - z^2/c^2 = 0 \quad \text{(이중원뿔 방정식)}$$

타원포물면의 방정식은 다음과 같다.

$$x^2/a^2 + y^2/b^2 = z/c \quad \text{(타원포물면 방정식)}$$

또한 우리가 자주 접하는 말안장 모양의 형태인 쌍곡포물면의 방정식은 다음과 같다.

$$x^2/a^2 - y^2/b^2 = z/c \quad \text{(쌍곡포물면 방정식)}$$

예제 3.6

다음의 그래프를 그리시오.

(A) $x^2 + y^2/9 + z^2/4 = 1$

(B) $x^2/4 + y^2 - z^2/4 = 1$

(C) $4x^2 + y^2 = z$

(D) $x^2 - y^2 = z$

» 해답

(A) 타원면

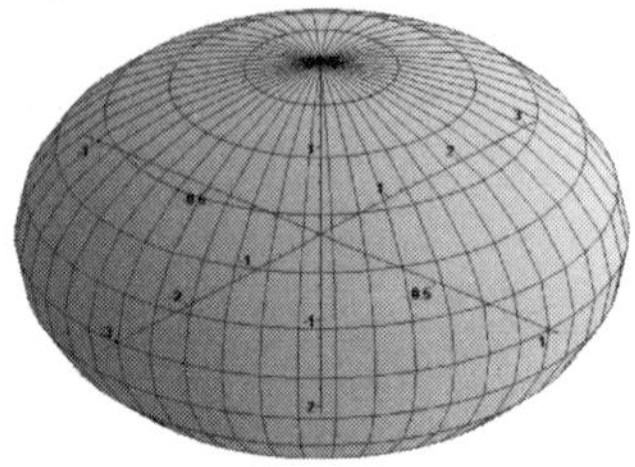

(B) 쌍곡면

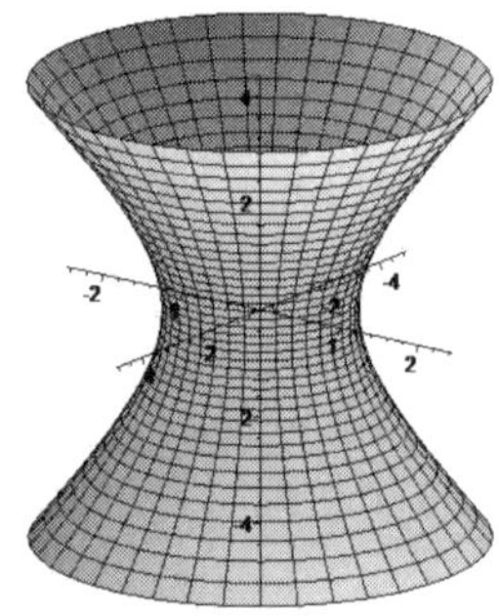

(C) 타원포물면

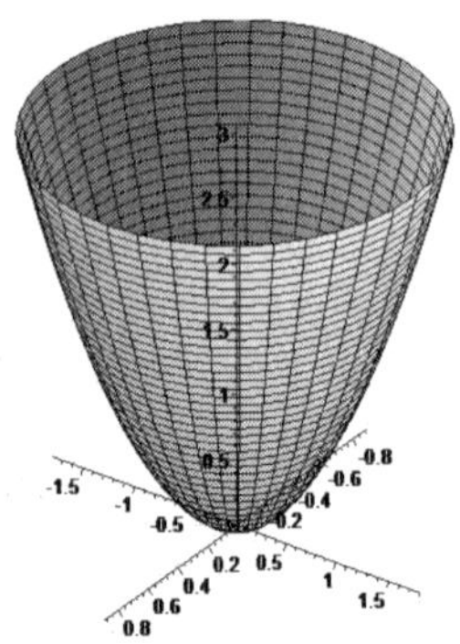

(D) 쌍곡포물면

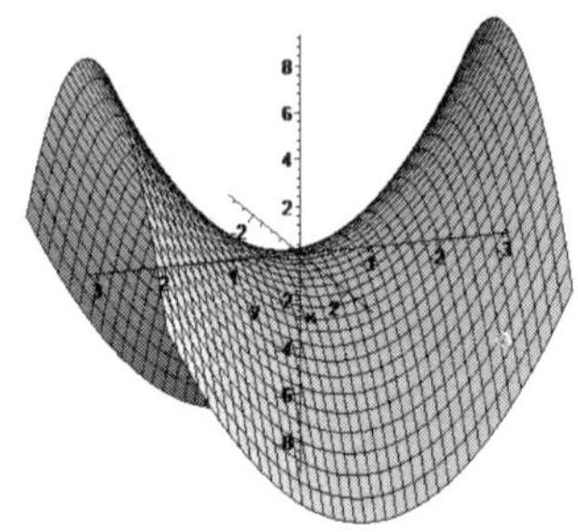

4 원통좌표계와 구면좌표계

3차원 공간의 좌표계로는 직교좌표계 이외에도 원통좌표계와 구면좌표계가 있다. 원통좌표계(cylindrical coordinate system)는 (r, θ, z) 값으로 특정지점을 표시하는 좌표계이다. 2차원의 극좌표계 (r, θ)의 평면에 높이 z를 추가한 좌표계라 할 수 있다. 원통좌표계와 직교좌표계의 변환식은 다음과 같다.

$$r = \sqrt{x^2 + y^2}$$

$$\theta = \tan^{-1}\frac{y}{x}$$

$$z = z$$

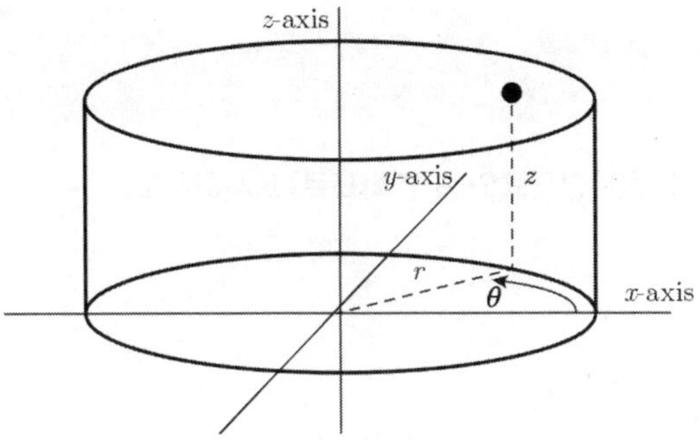

그림 3.11 원통좌표계

구면좌표계는 거리 r과 두 각도 φ, θ를 사용하여 특정 지점을 표시한다. 이때, φ는 x축 양의 방향 각도를 의미하며 θ는 z축 양의 방향 각도를 나타낸다.

구면좌표계와 직교좌표계는 다음의 관계를 갖는다.

$$r = \sqrt{x^2 + y^2 + z^2}$$

$$\theta = \arccos\frac{z}{r}$$

$$\phi = \arctan\frac{y}{x}$$

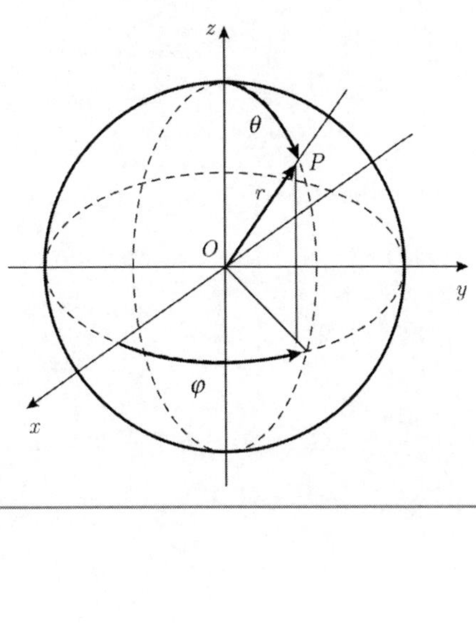

그림 3.12 구면좌표계

$$x = r\sin\theta\cos\phi$$
$$y = r\sin\theta\sin\phi$$
$$z = r\cos\theta$$

예제 3.7

3차원 좌표 (1, 2, 1)을 원통형좌표와 구면좌표로 표시하시오.

» 해답

원통형좌표: $r = \sqrt{1+4} = \sqrt{5}$

$\theta = \tan^{-1}(2/1) = 1.11$(라디안)

$z = 1$

$(\sqrt{5}, 1.11, 1)$

구면좌표: $r = \sqrt{1+4+1} = \sqrt{6}$

$\theta = \cos^{-1}(1/\sqrt{6}) = 1.15$

$\varphi = \tan^{-1}(2/1) = 1.11$

$(\sqrt{6}, 1.15, 1.11)$

연습문제

1 중심이 {1, 1}이며, 반지름이 1인 원의 방정식을 구하시오.

2 직교좌표 {1, 3}을 극좌표로 표시하시오.

3 $x^2 - y^2 = 1$의 그래프를 그리고 어떤 형태의 함수인지 판단하시오.

4 $y^2 = x^3 - 3x + 2$의 그래프를 그리시오.

5 {−1, 0, 1}과 {1, 1, 2}의 거리는 얼마인가?

6 (0, 0, 1)과 (1, 1, 1)을 포함하는 평면의 방정식을 구하시오.

7 $x^2 + y^2 = z^2$의 그래프를 그리시오.

8 $x^2 + y^2 = z$의 그래프를 그리시오.

유클리드 (Euclid, ~ 기원전 300년 경)

유클리드는 기하학의 아버지라 불릴 정도로 기하학의 기초를 쌓은 인물이다. 그의 출생연도와 장소는 정확히 알려지지 않았으나 기원전 325년 경에 출생한 것으로 추측된다. 그리스의 왕 프톨레마이오스 1세 재위 시 왕의 요청으로 최초의 대학이라 할 수 있는 알렉산드리아 대학에서 활동하였다. 그의 위대한 업적으로는 총 13권으로 구성된 '기하학 원론'이 있으며 여기에서 그는 기하학의 체계를 완성하였다. 이 기하학 원론은 고대 그리스 부터 19세기까지 기하학의 표준 교과서 역할을 하였다. 이외에도 소수의 개수가 무한하다는 것을 증명하는 등, 정수론에도 크게 기여하였다.

4장

벡터

1. 벡터의 정의
2. 벡터의 연산
3. 3차원 벡터

1 벡터의 정의

벡터는 크기와 방향을 모두 가지는 성분을 뜻한다. 반면 스칼라는 크기만을 가지는 성분이다. 벡터는 일반적으로 $\overrightarrow{AB}$ 또는 a와 같이 표시하고 A가 출발점, B가 끝점, → 는 방향을 의미한다(그림 4.1). 2차원 직교좌표계에서 시작점이 (0,0)이고 끝점이 (a_1, a_2)인 벡터를 $\vec{A}$라 하면 다음과 같이 표기한다.

$$\vec{A} = < a_1, a_2 >$$

$\vec{A}$의 크기는 $\| \vec{A} \|$로 표기하며 $\| \vec{A} \| = \sqrt{a_1^2 + a_2^2}$이다. $\vec{A}$의 방향은 각도 θ로 표기한다($\theta = \arctan(a_2/a_1)$).

벡터는 3장에서 공부한 것과 같은 극좌표로도 표시할 수 있다.

$$< a_1, a_2 > = < r\cos\theta, r\sin\theta >$$

벡터는 그 방향과 크기만으로 정의되므로 크기가 같고 방향이 같으면 동일한 벡터가 된다. 즉, <그림 4.3>의 $\overrightarrow{AB} = \overrightarrow{CD}$ 가 성립하며, 이는 벡터의 매우 중요한 특징이다. 이러한 성질을 이용하면 2차원 공간의 (x_1, y_1) 지점에서 (x_2, y_2)로 끝나는 벡터는 항상 (0,0)에서 시작하는 것으로 바꿀 수 있다. 또 달리 표현하면 크기가 같은 두 벡터가 방향도 같으면 동일한 벡터라는 뜻이다. 이러한 사실은 벡터를 이용하여 합산할 때 매

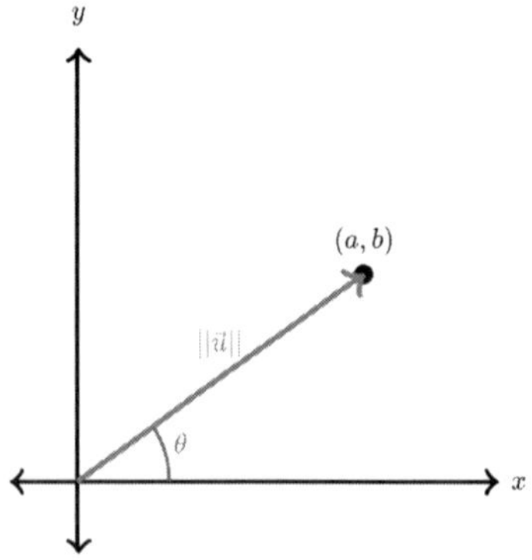

그림 4.1 벡터의 크기와 방향

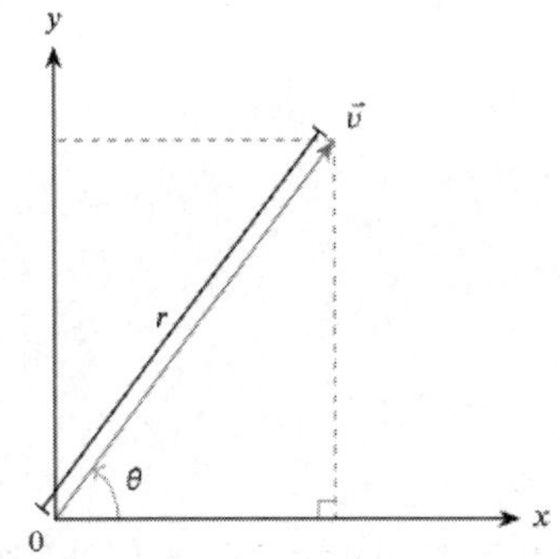

그림 4.2 벡터의 극좌표

우 유용하게 작용한다.

크기가 1인 벡터를 단위벡터라 하며 다음과 같이 정의된다.

$$\vec{u} = \vec{A} / \| \vec{A} \|$$

2차원 좌표계에서 특히 x, y축의 단위벡터를 각각 i, j로 표기하면

$$i = (1, 0)$$
$$j = (0, 1)$$

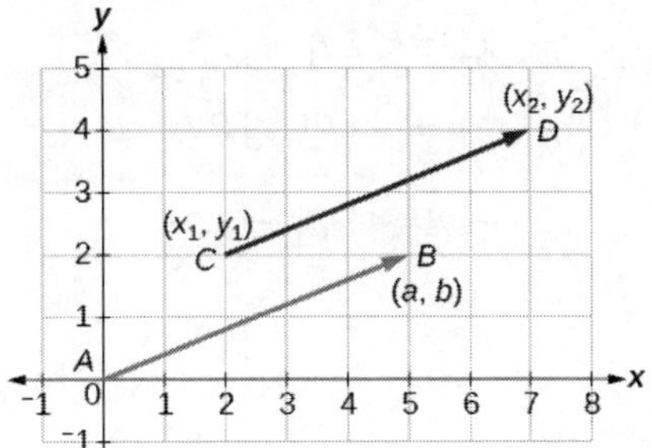

그림 4.3 $\overrightarrow{AB} = \overrightarrow{CD}$

2 벡터의 연산

두 벡터의 합은

$$< a_1, a_2 > + < b_1, b_2 > = < a_1 + b_1, a_2 + b_2 > \qquad \text{(벡터의 합)}$$

두 벡터 $\overrightarrow{AB}$ + $\overrightarrow{BC}$를 도형으로 그리면 <그림 4.4>와 같이 시작점 A와 끝점 C를 연결하는 직선벡터를 그리면 된다.

벡터의 합산 시 크기는 아래와 같이 계산된다.

$$R = \sqrt{R_x^2 + R_y^2}$$

R_x: R의 x축 값

R_y: R의 y축 값

벡터의 합산 시 각도는 다음과 같이 계산할 수 있다.

$$\theta = \arctan(R_y / R_x)$$

벡터에 상수 k를 곱하면

$$\mathrm{k}\overrightarrow{A} = < ka_1, ka_2 >$$

$k = -1$인 경우

$$-\overrightarrow{A} = < -a_1, -a_2 >$$

이다.

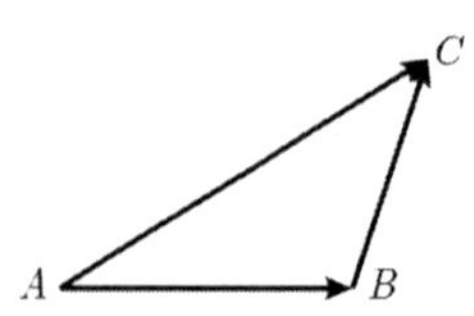

$\overrightarrow{AB} + \overrightarrow{BC} = \overrightarrow{AC}$

그림 4.4 벡터의 합산

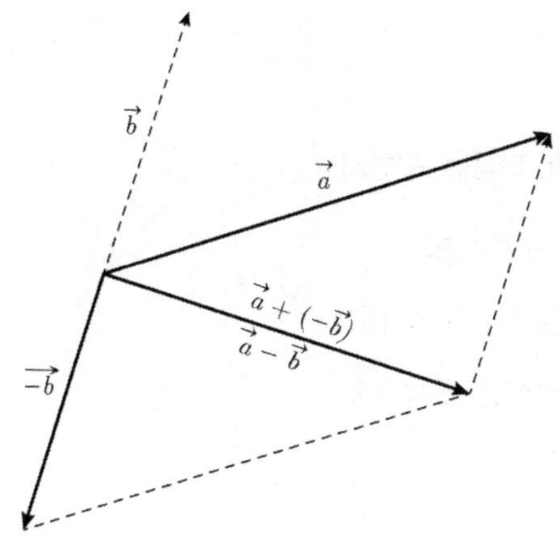

그림 4.5 벡터의 뺄셈 $\vec{A}-\vec{B}$

벡터의 내적은 다음과 같이 정의된다.

$$\vec{A} \cdot \vec{B} = \| \vec{A} \| \ \| \vec{B} \| \cos\theta \qquad \text{(벡터의 내적)}$$

여기서 θ는 $\vec{A}$와 $\vec{B}$가 이루는 각이다.

벡터의 내적은 또한 다음처럼 정의될 수도 있다.

$$\vec{A} \cdot \vec{B} = < a_1, a_2 > \cdot < b_1, b_2 > = a_1 \cdot b_1 + a_2 \cdot b_2$$

벡터의 내적은 스칼라값(상수)이다.

벡터의 내적에 적용되는 주요 관계는 다음과 같다.

$$\vec{A}\cdot\vec{B} = \vec{B}\cdot\vec{A} \text{ (교환법칙)}$$

$$(\vec{A} + \vec{B})\cdot\vec{C} = \vec{A}\cdot\vec{C} + \vec{B}\cdot\vec{C} \text{ (분배법칙)}$$

$$\vec{A}\cdot\vec{A} = \| \vec{A} \|^2$$

$$0\cdot\vec{A} = \vec{A}\cdot 0 = 0$$

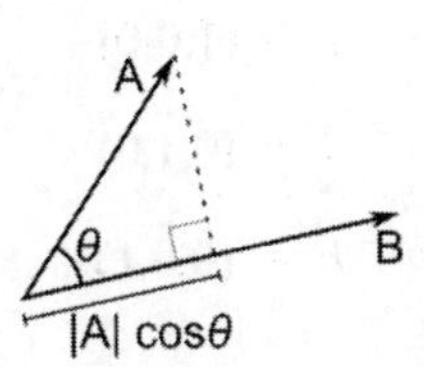

그림 4.6 벡터의 내적

예제 4.1

$\vec{A}$=⟨1,1⟩, $\vec{B}$=⟨−1,2⟩일 때, 다음을 구하시오.

(A) $\vec{A}$의 크기와 방향을 구하시오.

(B) $\vec{A} + \vec{B}$의 크기와 방향을 구하시오.

(C) $\vec{A} - \vec{B}$의 크기와 방향을 구하시오.

(D) $\vec{A} \cdot \vec{B}$를 구하시오.

» 해답

(A) $\| \vec{A} \| = \sqrt{(1+1)} = \sqrt{2}$

각도 $\theta = 45°$ 또는 $\pi/4$

(B) $<1,1> + <-1,2> = <0,3>$

$\| \vec{A} + \vec{B} \| = \sqrt{9} = 3$

$\theta = 90°, \pi/2$

(C) $\| \vec{A} - \vec{B} \| = \sqrt{(1+1)^2 + (1-2)^2} = \sqrt{5}$

$\theta = \arctan(-1/2) = -26.6° = -0.148\pi$

(D) $a_1 \cdot b_1 + a_2 \cdot b_2 = -1 + 2 = 1$

---

3 3차원 벡터

2차원 좌표계에서 벡터는 x, y의 2개 원소를 가지나, 3차원 좌표계에서 벡터는 x, y, z의 3개 원소로 표시된다. x, y, z축의 단위벡터를 각각 i, j, k로 표기하면

$$i = (1,0,0)$$

$$j = (0,1,0)$$

$$k = (0,0,1)$$

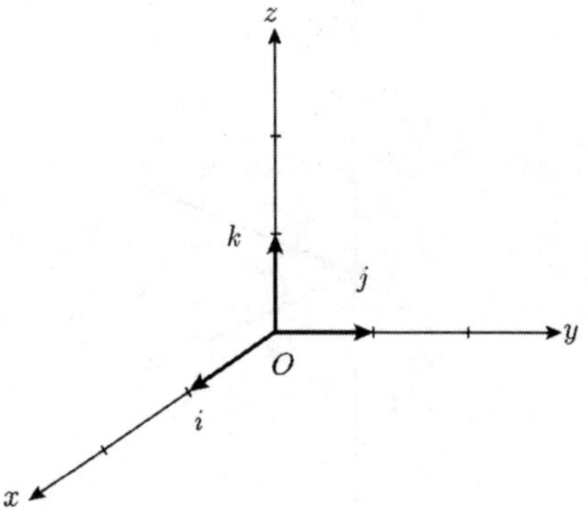

그림 4.7 3차원 좌표계에서 단위벡터, i, j, k

2차원 좌표계에서 사용한 벡터 연산의 법칙들은 그대로 3차원 좌표계에서도 적용된다.

$\vec{A} = <a_1, a_2, a_3>$일 때,

$$\| \vec{A} \| = \sqrt{(a_1^2 + a_2^2 + a_3^2)}$$

$\vec{A} = <a_1, a_2, a_3>$, $\vec{B} = <b_1, b_2, b_3>$일 때,

$$\begin{aligned} \vec{A} + \vec{B} &= <a_1 + b_1, a_2 + b_2, a_3 + b_3> \\ \vec{A} \cdot \vec{B} &= \| \vec{A} \| \ \| \vec{B} \| \cos\theta \\ &= a_1 b_1 + a_2 b_2 + a_3 b_3 \end{aligned}$$

3차원 좌표계에서 벡터의 외적은 다음과 같이 정의된다.

$$\vec{A} \times \vec{B} = \| \vec{A} \| \ \| \vec{B} \| \sin\theta \, n \qquad \text{(벡터의 외적)}$$

n: $\vec{A}$, $\vec{B}$ 에 공통으로 수직인 단위벡터

θ: $\vec{A}$ 와 $\vec{B}$ 가 이루는 각

이때, $\vec{A} \times \vec{B}$ 의 방향에 특히 주의하여야 한다.

벡터의 외적은 또한 다음과 같이 행렬식으로도 정의된다.

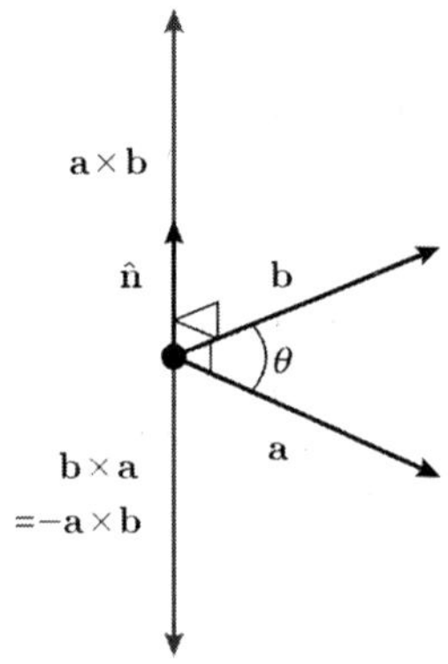

그림 4.8 벡터의 외적

$$\vec{A} \times \vec{B} = \begin{vmatrix} i & j & k \\ a1 & a2 & a3 \\ b1 & b2 & b3 \end{vmatrix}$$

$$= \begin{vmatrix} a2 & a3 \\ b2 & b3 \end{vmatrix} i - \begin{vmatrix} a1 & a3 \\ b1 & b3 \end{vmatrix} j + \begin{vmatrix} a1 & a2 \\ b1 & b2 \end{vmatrix} k$$

$$= (a_2b_3 - a_3b_2)i + (-a_1b_3 + a_3b_1)j + (a_1b_2 - a_2b_1)k$$

벡터의 외적을 기하학으로 표현하면 <그림 4.8>과 같다.

벡터의 곱은 다음의 특징을 보인다.

$$i \times j = k$$

$$j \times k = i$$

$$k \times i = j$$

$$i \times i = j \times j = k \times k = 0$$

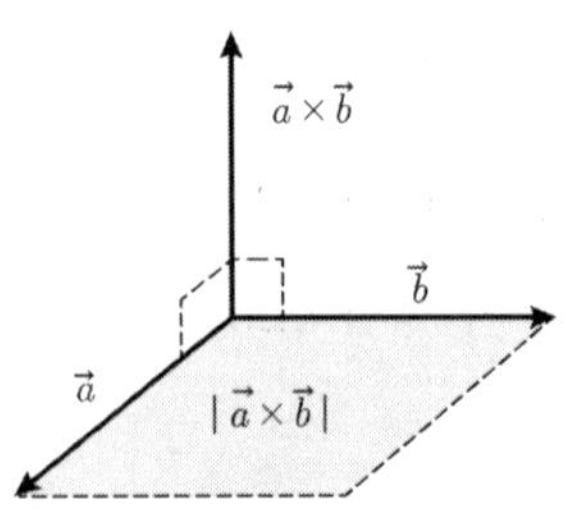

그림 4.9 벡터의 외적

예제 4.2

$\vec{A} = \langle 1,1,1 \rangle$, $\vec{B} = \langle -1,2,0 \rangle$일 때, 다음을 구하시오.

(A) $\| \vec{A} \|$, $\| \vec{B} \|$

(B) $3\vec{A} - \vec{B}$

(C) $\vec{A} \cdot \vec{B}$

(D) $\vec{A} \times \vec{B}$

(E) $\vec{B} \times \vec{A}$

» 해답

(A) $\| \vec{A} \| = \sqrt{(1+1+1)} = \sqrt{3}$

$\| \vec{B} \| = \sqrt{5}$

(B) $3\vec{A} - \vec{B} = <3,3,3> - <-1,2,0> = <4,1,3>$

(C) $<1,1,1> \cdot <-1,2,0> = -1 + 2 = 1$

(D) $\vec{A} \times \vec{B} = (a_2b_3 - a_3b_2)i + (-a_1b_3 + a_3b_1)j + (a_1b_2 - a_2b_1)k$

$= -2i - j + 3k$

(E) $\vec{B} \times \vec{A} = 2i + j - 3k$

벡터는 원소에 상수뿐만 아니라 변수 또는 함수도 포함될 수 있다. 고급 수학영역에서는 벡터의 미분도 널리 활용된다.

$$\vec{r} = <f(t), g(t), h(t)>$$

벡터 gradient는 다음과 같이 정의된다.

$$\nabla f = \frac{\partial f}{\partial x} i + \frac{\partial f}{\partial y} j + \frac{\partial f}{\partial z} k$$

또한, 벡터의 divergence는 다음과 같다.

$$\text{div } F = \nabla \cdot F = \frac{\partial U}{\partial x} + \frac{\partial V}{\partial y} + \frac{\partial W}{\partial z}$$

이들은 유체의 흐름과 같은 복잡한 수학적 모델들의 계산에 사용된다.

연습문제

1 다음을 구하시오.

(A) $\vec{A} = <1,2>$의 크기와 방향을 구하시오.

(B) $\vec{A} = <1,2>$, $\vec{B} = <-1,-1>$일 때, $\vec{A} + \vec{B}$ 의 크기와 방향을 구하시오.

(C) $\vec{A} - \vec{B}$의 크기와 방향을 구하시오.

2 $\vec{A} = \langle -1,-1 \rangle$, $\vec{B} = \langle -1,3 \rangle$일 때, 다음을 구하시오.

(A) $\vec{A} \cdot \vec{B}$

(B) $\vec{A} \times \vec{B}$ 크기와 방향

(C) $\vec{B} \times \vec{A}$ 크기와 방향

3 $\vec{A} = \langle 0,1 \rangle$, $\vec{B} = \langle 2,3 \rangle$일 때, 다음을 구하시오.

(A) $\vec{A} + \vec{B}$의 크기와 방향

(B) $2\vec{A} - \vec{B}$의 크기와 방향

(C) $3\vec{A} \cdot \vec{B}$

(D) $\vec{A} \times 2\vec{B}$의 크기와 방향

4 $\vec{A} = \langle 1,1,1 \rangle$, $\vec{B} = \langle 1,2,3 \rangle$일 때, 다음을 구하시오.

(A) $\vec{A} - \vec{B}$의 크기와 방향

(B) $\vec{A} \cdot \vec{B}$

(C) $\vec{A} \times \vec{B}$의 크기와 방향

사람의 생물학적 구성

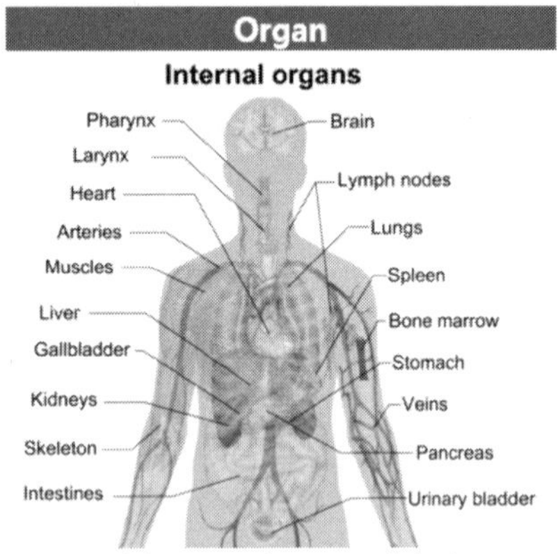

Many of the internal organs of the human body

사람은 성인을 기준으로 약 200종류의 세포가 30~37조 개나 존재하는 거대한 조직체이다. 각 세포에는 핵 내에 DNA가 존재하며, 23쌍의 염기체로 이루어져 있고, 전체 유전정보는 약 20,000종의 단백질을 암호화한다. 유전정보는 작지만, 이것들의 조합으로 수억 종류의 항체를 생산할 수 있을 만큼 상당한 가변성이 있다.

사람을 구성하는 기관계로는 순환계(혈액), 소화계, 면역계, 피부계, 림프계, 근육계, 신경계, 생식계, 호흡기계, 비뇨기계로 나눌 수 있다. 인체를 구성하는 주요 장기로는 심장, 폐, 간, 쓸개, 신장, 소장, 대장, 뼈, 관절, 눈, 코, 피부 등 매우 다양하다. 전체 세포 중 하루에 제거되고 생성되는 세포수는 약 3,300억 개로 전체 사람 세포의 1%에 해당되며, 그중 90%는 혈액 세포이다.

5장

행렬 및 행렬식

1. 행렬
2. 행렬식
3. 역행렬
4. 연립방정식의 해
5. 엑셀을 이용한 행렬식 구하기
6. 엑셀을 이용한 행렬 계산
7. 엑셀을 이용한 역행렬 계산
8. 엑셀을 이용한 방정식의 해 구하기

여러 가지 방정식이 있는 연립방정식의 해를 구하는 과정에서 행렬과 행렬식이 널리 이용된다. 이번 장에서는 행렬과 행렬식의 기본적인 정의와 그 응용에 대해 공부하고자 한다.

1 행렬

지금까지 우리는 $\{a, b, c, ...\}$와 같은 가로 방향의 원소가 존재하는 집합에 대해 공부하였다. 그러나 상황에 따라 집합 내 원소가 가로뿐만 아니라 세로에도 존재할 때가 있으며 수학에서는 이들을 행렬이라 하고 아래와 같이 표시된다.

$$\begin{bmatrix} 1 & 2 \\ 3 & 4 \end{bmatrix}$$

행렬에서 가로 방향을 행(column), 세로 방향을 열(row)이라 부른다. 따라서 위의 행렬식에서 1행은 1, 2이며 2행은 3, 4이다. 마찬가지로 1열은 1, 3이 되고 2열은 2, 4이다. 행렬식은 보통 다음과 같이 $m \times n$ 행렬로 나타낸다.

$$\begin{bmatrix} a11\ a12\ a13 \ldots a1n \\ a21\ a22\ a23\ \ldots a2n \\ \cdots \\ \\ am1\ am2\, am3 \ldots amn \end{bmatrix}$$

이때, 행의 수는 m, 열의 수는 n이다. 행렬의 원소를 일반적으로 a_{ij}와 같이 표현하며 이때, i는 행, j는 열을 의미한다.

행렬에 대해서 사칙연산을 실행할 수 있다. 아래와 같은 덧셈의 경우는 각 행렬식의 원소수 $m \times n$이 일치하는 경우에만 적용되며 이 경우 각각의 원소들을 더하면 된다.

$$\begin{bmatrix} 1 & 2 \\ 3 & 4 \end{bmatrix} + \begin{bmatrix} -1 & 3 \\ 0 & -2 \end{bmatrix} = \begin{bmatrix} 0 & 5 \\ 3 & 2 \end{bmatrix}$$

이를 $A_{ij} + B_{ij} = (A + B)_{ij}$라 쓸 수 있다.

행렬에 상수를 곱할 때는 모든 원소에 대해 상수를 곱한다.

$$k \begin{bmatrix} a11\ a12 \\ a21\ a22 \end{bmatrix} = \begin{bmatrix} ka11\ ka12 \\ ka21\ ka22 \end{bmatrix}$$

행렬의 곱셈은 상당히 복잡하다. 곱셈이 성립하기 위해서는 한 행의 원소수와 다음 열의 원소수가 같아야 한다. 즉, $A(m \times n)$에서 행의 원소수 n과 $B(n \times p)$에서 열의 원소수 n이 같아야 하며 이때, $A \times B = C(m \times p)$가 생성된다. 예를 들어, 다음의 행렬이 있다고 하자.

$$A(2 \times 3) = \begin{bmatrix} a11\ a12\ a13 \\ a21\ a22\ a23 \end{bmatrix}$$

$$B(3 \times 2) = \begin{bmatrix} b11\ b12 \\ b21\ b22 \\ b31\ b32 \end{bmatrix}$$

$$A \times B(2 \times 2) = \begin{bmatrix} a11b11 + a12b21 + a13b31 & a11b12 + a12b22 + a13b32 \\ a21b11 + a22b21 + a23b31 & a21b12 + a22b22 + a23b32 \end{bmatrix}$$

행렬은 $A \times B \neq B \times A$이므로 곱셈에 대해 교환법칙은 성립하지 않는다. 그러나 $(A \times B) \times C = A \times (B \times C)$를 충족함으로써 곱셈에 대한 결합법칙을 만족시킨다.

행렬에서 모든 원소값이 0인 행렬을 0행렬이라 하며, 대각선 원소의 값들만 1이고 나머지 원소들의 값이 전부 0인 행렬을 단위행렬(I)이라 한다.

$$0 = \begin{bmatrix} 0\ 0\ 0 \\ 0\ 0\ 0 \\ 0\ 0\ 0 \end{bmatrix}$$

$$I = \begin{bmatrix} 1\ 0\ 0 \\ 0\ 1\ 0 \\ 0\ 0\ 1 \end{bmatrix}$$

$$\text{행렬 } A = \begin{bmatrix} a11\ a12 \\ a21\ a22 \end{bmatrix}$$

따라서, 전치행렬 A^T은 다음과 같이 정의된다.

$$A^T = \begin{bmatrix} a11\ a21 \\ a12\ a22 \end{bmatrix}$$

이때 $A_{ij}^T = A_{ij}$, 즉 전치행렬 A^T은 행렬에서 행의 원소를 열의 원소로, 열의 원소를 행의 원소로 완전히 바꾼 것이다.

예제 5.1

$$A=\begin{bmatrix} 2 & 1 \\ -1 & 2 \end{bmatrix}$$

$$B=\begin{bmatrix} -3 & -1 \\ 1 & 2 \end{bmatrix}$$

일 때 다음을 구하시오.

(A) $A+B$

(B) $A\times B$

(C) $2A-B$

(D) A^T

» 해답

(A) $\begin{bmatrix} -1 & 0 \\ 0 & 4 \end{bmatrix}$

(B) $\begin{bmatrix} -6+1 & -2+2 \\ 3+2 & 1+4 \end{bmatrix}=\begin{bmatrix} -5 & 0 \\ 5 & 5 \end{bmatrix}$

(C) $\begin{bmatrix} 4 & 2 \\ -2 & 4 \end{bmatrix}-\begin{bmatrix} -3 & -1 \\ 1 & 2 \end{bmatrix}=\begin{bmatrix} 7 & 3 \\ -3 & 2 \end{bmatrix}$

(D) $\begin{bmatrix} 2 & -1 \\ 1 & 2 \end{bmatrix}$

---

2 행렬식

행렬 $A=\begin{bmatrix} a11 & a12 \\ a21 & a22 \end{bmatrix}$가 있을 때, 행렬식 $\det A$는 다음과 같이 정의된다.

$$\det A=\begin{vmatrix} a11 & a12 \\ a21 & a22 \end{vmatrix}=a_{11}a_{22}-a_{12}a_{21} \qquad \text{(행렬식 정의)}$$

행렬이 3×3인 경우에 $\det A$는 다음과 같다.

$$\text{행렬 } A = \begin{vmatrix} a11\ a12\ a13 \\ a21\ a22\ a23 \\ a31\ a32\ a33 \end{vmatrix}$$

$$\det A = a_{11}a_{22}a_{33} + a_{12}a_{23}a_{31} + a_{13}a_{21}a_{32} - a_{13}a_{22}a_{31} - a_{12}a_{21}a_{33} - a_{11}a_{23}a_{32}$$

앞의 두 식에서 보듯이 행렬은 $m \times n$으로 표시되어 행와 열의 수가 서로 다를 수도 있다. 그러나 행렬식은 반드시 $n \times n$으로 행의 수와 열의 수가 같아야 한다.

예제 5.2

다음의 값을 구하시오.

(A) $\det A = \begin{vmatrix} -1\ 2 \\ 3\ 4 \end{vmatrix}$

(B) $\det B = \begin{vmatrix} 1 & 2\ 3 \\ 0 & -1\ 2 \\ 2 & 1\ 2 \end{vmatrix}$

» 해답

(A) $\det A = -4 - 6 = -10$

(B) $\det B = -2 + 8 + 0 + 6 - 2 = 10$

다음과 같은 2차 연립방정식의 경우를 살펴보자.

$$a_{11}x_1 + a_{12}x_2 = b_1$$
$$a_{21}x_1 + a_{22}x_2 = b_2$$

이때, 방정식의 해 x_1, x_2는 다음과 같이 계산될 수 있다.

$$x_1 = \frac{\begin{vmatrix} b1\ a12 \\ b2\ a22 \end{vmatrix}}{\begin{vmatrix} a11\ a12 \\ a21\ a22 \end{vmatrix}},\ x_2 = \frac{\begin{vmatrix} a11\ b1 \\ a21\ b2 \end{vmatrix}}{\begin{vmatrix} a11\ a12 \\ a21\ a22 \end{vmatrix}}$$

이를 Cramer 규칙이라 한다. 위 식들을 자세히 관찰하면 x_1, x_2의 해로 분모는 모두 $\begin{vmatrix} a11\ a12 \\ a21\ a22 \end{vmatrix}$이 되며 분자의 경우 x_1에서는 a_{11}, a_{21}가 b_1, b_2로, x_2에서는 a_{12}, a_{22}가 b_1, b_2로 대치되었음을 알 수 있다. 이를 확대하면 다차 연립방정식에서 그 해는 다음과 같이 구할 수 있다.

$$a_{11}x_1 + a_{12}x_2 + \ldots + a_{1n}x_1 = b_1$$

$$a_{21}x_1 + a_{22}x_2 + \ldots + a_{2n}x_2 = b_2$$

$$.$$

$$.$$

$$.$$

$$a_{n1}x_1 + a_{n2}x_2 + \ldots + a_{nn}x_n = b_n$$

$$x_1 = \det A_1 / \det A$$

$$.$$

$$x_p = \det A_p / \det A$$

$$.$$

$$x_n = \det A_n / \det A$$

$$\det A = \begin{vmatrix} a11\ a12\ \ldots\ a1n \\ a21\ a22\ \ldots\ a2n \\ \ldots \\ an1\ a22\ \ldots\ ann \end{vmatrix}$$

$$\det A_1 = \begin{vmatrix} b1\ a12\ \ldots\ a1n \\ b2\ a22\ \ldots\ a2n \\ \ldots \\ bn\ a22\ \ldots\ ann \end{vmatrix}$$

$$\ldots$$

$$\det A_p = \begin{vmatrix} a11\ a12 \ldots\ b1 \ldots\ a1n \\ a12\ a22\ \ldots\ b2 \ldots\ a2n \\ \ldots \\ a1n\ a2n\ \ldots\ bn \ldots ann \end{vmatrix}$$

$$\det A_n = \begin{vmatrix} a11\ a12\ \ldots\ b1 \\ a12\ a22 \ldots\ b2 \\ \ldots \\ a1n\ a22\ \ldots\ bn \end{vmatrix}$$

예제 5.3

다음 연립방정식의 해를 구하시오.

$$
\begin{aligned}
x_1 - 2x_2 + 3x_3 &= 7 \\
x_2 - 2x_3 &= 1 \\
4x_1 + 3x_2 - x_3 &= 0
\end{aligned}
$$

» 해답

$$
\det A = \begin{vmatrix} 1 & -2 & 3 \\ 0 & 1 & -2 \\ 4 & 3 & -1 \end{vmatrix} = 9 \qquad \det A_1 = \begin{vmatrix} 7 & -2 & 3 \\ 1 & 1 & -2 \\ 0 & 3 & -1 \end{vmatrix} = 42
$$

$$
\det A_2 = \begin{vmatrix} 1 & 7 & 3 \\ 0 & 1 & -2 \\ 4 & 0 & -1 \end{vmatrix} = -69 \qquad \det A_3 = \begin{vmatrix} 1 & -2 & 7 \\ 0 & 1 & 1 \\ 4 & 3 & 0 \end{vmatrix} = -39
$$

$$
\begin{aligned}
x_1 &= \det A_1 / \det A = 42/9 \\
x_2 &= \det A_2 / \det A = -69/9 \\
x_3 &= \det A_3 / \det A = -39/9
\end{aligned}
$$

행렬식이 다음처럼 3 × 3일 때, 보다 작은 행렬식을 이용하여 쉽게 계산할 수 있다.

$$
\begin{vmatrix} a & b & c \\ d & e & f \\ g & h & i \end{vmatrix} = a\begin{vmatrix} e & f \\ h & i \end{vmatrix} - b\begin{vmatrix} d & f \\ g & i \end{vmatrix} + c\begin{vmatrix} d & e \\ g & h \end{vmatrix}
$$

3 역행렬

행렬

$$
A = \begin{bmatrix} a11 & a12 & a13 \\ a21 & a22 & a23 \\ a31 & a32 & a33 \end{bmatrix}
$$

가 있을 때 원소 a_{11}의 가로축 전부(행)와 세로축 전부(열)를 제거한 새로운 소행렬식

M_{11}은 $M_{11} = \begin{vmatrix} a22\ a23 \\ a32\ a33 \end{vmatrix} = a_{22}a_{33} - a_{23}a_{32}$이다.

다음으로 A 중에서 a_{32}가 포함된 행과 열을 제거하여 새로운 소행렬식 M_{32}를 만들어보면

$$M_{32} = \begin{vmatrix} a11\ a13 \\ a21\ a23 \end{vmatrix} = a_{11}a_{23} - a_{13}a_{21}$$

이다. 또한, 행렬의 공통인자 C_{ij}는 다음과 같이 정의된다.

$$C_{ij} = (-1)^{i+j} M_{ij}$$

예를 들어 위에서 계산한 식들을 이용하면

$$C_{11} = (-1)^2 M_{11} = \begin{vmatrix} a22\ a23 \\ a32\ a33 \end{vmatrix} = a_{22}a_{33} - a_{23}a_{32}$$

$$C_{32} = (-1)^{3+2} M_{32} = - \begin{bmatrix} a11\ a13 \\ a21\ a23 \end{bmatrix} = - a_{11}a_{23} + a_{13}a_{21}$$

수반행렬 A_{adj}는 다음과 같이 정의된다.

$$A_{adj} = \begin{bmatrix} C_{11}\ C_{12} \\ C_{21}\ C_{22} \end{bmatrix} \mathrm{T}$$

$$= \begin{bmatrix} C_{11}\ C_{21} \\ C_{12}\ C_{22} \end{bmatrix}$$

행렬 A의 역행렬 A^{-1}은 다음의 식으로 구해진다.

$$A^{-1} = A_{adj}/|A| \qquad \text{(역행렬의 정의)}$$

역행렬에 대해서는 다음의 공식들이 적용된다.

$$AA^{-1} = I,\ (A^{-1})^{-1} = A$$

$$(kA)^{-1} = k^{-1}A^{-1} (k\text{는 상수})$$

$$(AB)^{-1} = B^{-1}A^{-1}$$

예제 5.4

$A=\begin{bmatrix} 1 & -1 \\ -1 & 2 \end{bmatrix}$일 때, 다음을 구하시오.

(A) $C_{11}, C_{12}, C_{21}, C_{22}$

(B) A_{adj}

(C) A^{-1}

(D) AA^{-1}

(E) $(A^{-1})^{-1}$

» 해답

(A) $C_{11}=2$

$C_{12}=-(-1)=1$

$C_{21}=-(-1)=1$

$C_{22}=1$

(B) $\begin{bmatrix} C_{11} & C_{12} \\ C_{21} & C_{22} \end{bmatrix}^T = \begin{bmatrix} 2 & 1 \\ 1 & 1 \end{bmatrix}^T = \begin{bmatrix} 2 & 1 \\ 1 & 1 \end{bmatrix}$

(C) $\begin{vmatrix} 1 & -1 \\ -1 & 2 \end{vmatrix} = 1$

$A^{-1}=A_{adj}/|A|=\begin{bmatrix} 2 & 1 \\ 1 & 1 \end{bmatrix}$

(D) $AA^{-1}=\begin{bmatrix} 1 & -1 \\ -1 & 2 \end{bmatrix}\begin{bmatrix} 2 & 1 \\ 1 & 1 \end{bmatrix}$

$=\begin{bmatrix} 1 & 0 \\ 0 & 1 \end{bmatrix}=I$

(E) $A^{-1}=\begin{bmatrix} 2 & 1 \\ 1 & 1 \end{bmatrix}=B$

$(B)^{-1}=B_{adj}/|B|=\begin{bmatrix} 1 & -1 \\ -1 & 2 \end{bmatrix}=A$

4 연립방정식의 해

아래와 같은 연립방정식

$$\begin{aligned} x_1 + 2x_2 &= 4 \\ -x_1 - 3x_2 &= 1 \end{aligned}$$

이 있다고 하자. 이때, 위의 연립방정식은 아래와 같은 행렬로 간단히 표현할 수 있다.

$$\begin{bmatrix} 1 & 2 \\ -1 & -3 \end{bmatrix} \begin{bmatrix} x_1 \\ x_2 \end{bmatrix} = \begin{bmatrix} 4 \\ 1 \end{bmatrix}$$

$$AX = B,\ A = \begin{bmatrix} 1 & 2 \\ -1 & -3 \end{bmatrix},\ X = \begin{bmatrix} x_1 \\ x_2 \end{bmatrix},\ B = \begin{bmatrix} 4 \\ 1 \end{bmatrix}$$

이때, 해는 다음과 같이 구할 수 있다.

$AX = B$의 양변에 역행렬 A^{-1}을 곱하면

$$A^{-1}AX = IX = X = A^{-1}B$$

따라서 해는 $X = A^{-1}B$가 된다.

예제 5.5

다음 연립방정식의 해를 구하시오.

$$x_1 + 2x_2 = 4$$

$$-x_1 - 3x_2 = 1$$

» 해답

$$A = \begin{bmatrix} 1 & 2 \\ -1 & -3 \end{bmatrix},\ X = \begin{bmatrix} x_1 \\ x_2 \end{bmatrix},\ B = \begin{bmatrix} 4 \\ 1 \end{bmatrix},$$

$$\det A = \begin{vmatrix} 1 & 2 \\ -1 & -3 \end{vmatrix} = -1,$$

$$A^{-1} = -\begin{bmatrix} -3 & 1 \\ -2 & 1 \end{bmatrix}^{\mathrm{T}} = -\begin{bmatrix} -3 & -2 \\ 1 & 1 \end{bmatrix} = \begin{bmatrix} 3 & 2 \\ -1 & -1 \end{bmatrix}$$

$$X = A^{-1}B = \begin{bmatrix} 3 & 2 \\ -1 & -1 \end{bmatrix} \begin{bmatrix} 4 \\ 1 \end{bmatrix} = \begin{bmatrix} 14 \\ -5 \end{bmatrix}$$

따라서,

$$x_1 = 14,\ x_2 = -5$$

이다.

---

5 엑셀을 이용한 행렬식 구하기

행렬과 행렬식은 복잡한 연산이 이루어지므로 엑셀을 이용하면 매우 편리하게 계산할 수 있다. 우선 행렬식의 계산부터 시작해보자.

엑셀에서 $\begin{vmatrix} 3 & 4 \\ 5 & 4 \end{vmatrix}$의 계산을 위해 엑셀 스프레드시트에서 $\begin{bmatrix} 3 & 4 \\ 5 & 4 \end{bmatrix}$를 기입한다. 이어서 엑셀 스프레드 시트에서 [수식]-[MDETERM]을 선택하고 array에서 데이터를 선택한다. 이후 자동으로 행렬식의 값이 계산되어 -8이 된다.

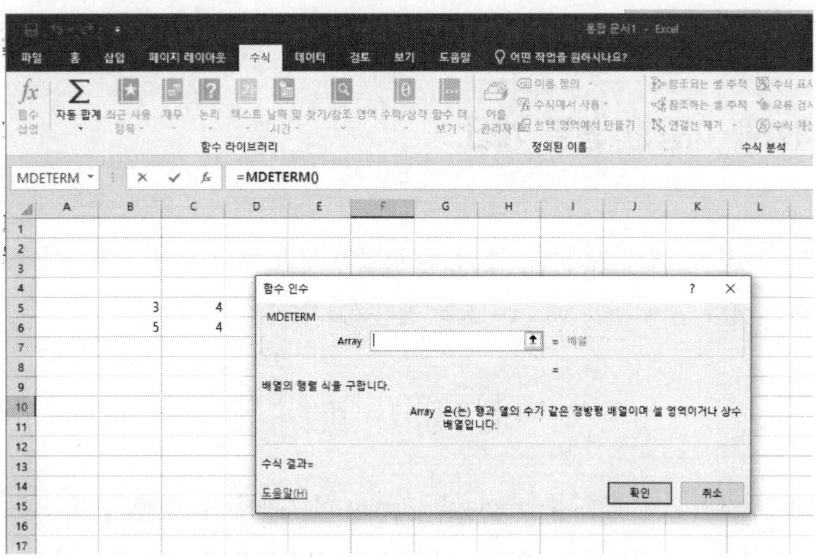

3	4	
5	4	
		-8

예제 5.6

다음의 5×5 행렬식의 값을 구하시오.

» 해답

3	4	-2	4	6	
5	4	-1	0	4	
3	3	1	2	1	
5	0	2	7	2	
-3	2	-5	6	-1	
					2637

6 엑셀을 이용한 행렬 계산

행렬을 더하고, 빼기 위해서는 먼저 두 행렬의 행과 열의 수가 일치하여야 한다. 다음의 행렬 A와 B가 있을 때 $A+B$를 계산해보자.

$$A=\begin{bmatrix} 3 & -5 \\ 5 & -9 \end{bmatrix}, \qquad B=\begin{bmatrix} 0 & 3 \\ 5 & 1 \end{bmatrix}$$

$A+B$는 행렬의 칸을 잡은 후 = array1 + array2를 실행한다. 이때, 칸에 모든 수를 자동으로 입력하기 위해서는 [CONTROL]-[SHIFT]-[ENTER]를 실행해야 한다. $A-B$는

행렬의 칸을 잡은 후 = array1 - array2를 실행한다.

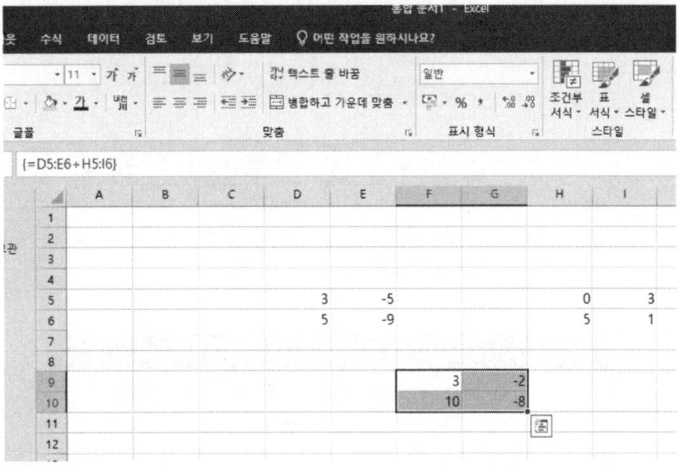

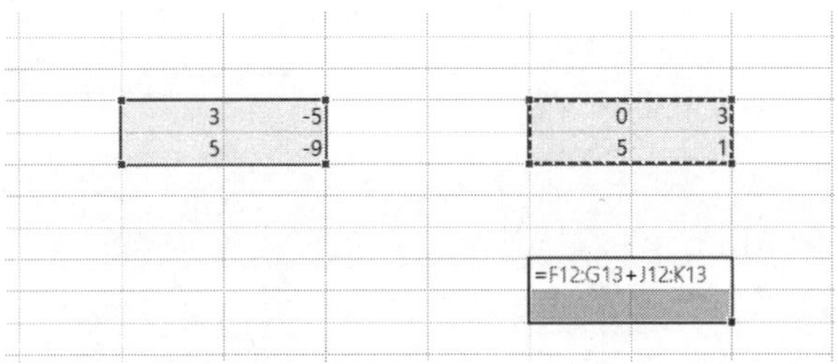

행렬 간의 곱셈은 = MMULT(array1, array2)를 이용하여 계산한다. 행렬의 곱셈에서는 $AB \neq BA$이므로 순서를 정확히 하여야 한다.

$$A = \begin{bmatrix} 3 & -5 \\ 5 & -9 \end{bmatrix}, \qquad B = \begin{bmatrix} 0 & 3 \\ 5 & 1 \end{bmatrix}$$

일 때 AB와 BA값은 각각 다음과 같다.

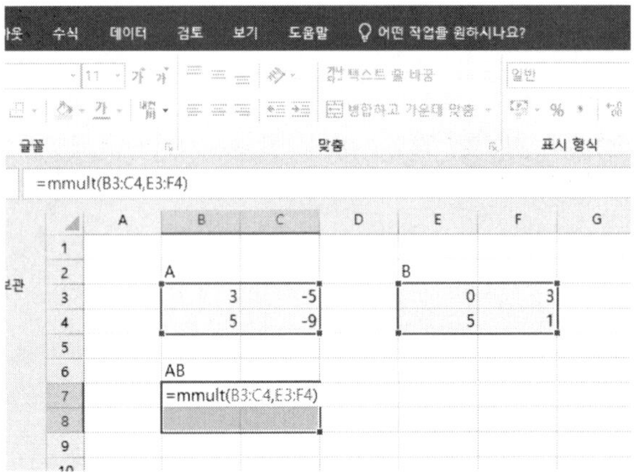

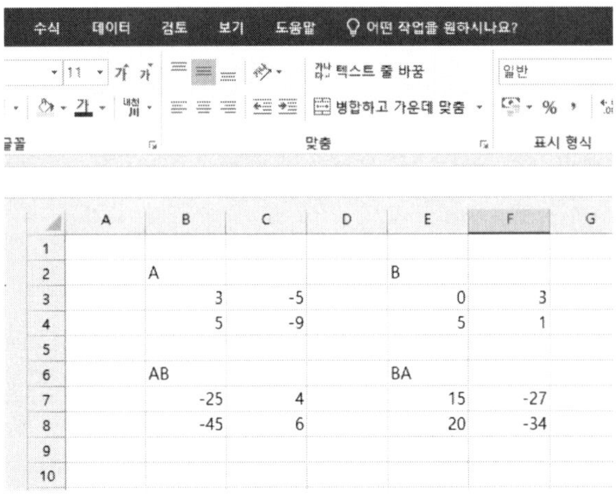

예제 5.7

다음 행렬의 값을 구하시오.

$$A=\begin{bmatrix} 1 & 2 & 3 & -3 \\ 0 & -1 & 1 & 2 \\ -2 & 1 & 3 & -2 \\ 4 & 5 & 0 & 1 \end{bmatrix}, \quad B=\begin{bmatrix} -2 & 1 & 2 & -0.4 \\ 0.3 & 3 & 2 & 1 \\ -3.5 & 0 & -1 & 3 \\ 0 & 4 & 2 & 1 \end{bmatrix}$$

(A) AB

(B) BA

» 해답

	B	C	D	E	F	G	H	I	J
	A					B			
	1	2	3	-3		-2	1	2	-0.4
	0	-1	1	2		0.3	3	2	1
	-2	1	3	-2		-3.5	0	-1	3
	4	5	0	1		0	4	2	1
	AB					BA			
	-11.9	-5	-3	7.6		-7.6	-5	1	3.6
	-3.8	5	1	4		0.3	4.6	9.9	2.1
	-6.2	-7	-9	8.8		10.5	7	-13.5	15.5
	-6.5	23	20	4.4		0	3	10	5

7 엑셀을 이용한 역행렬 계산

이번에는 행렬의 역행렬을 구해보자.

$$A = \begin{bmatrix} 1 & 2 \\ -1 & -3 \end{bmatrix}$$

일 때, 역행렬을 계산하는 방법은 **[수식]-[MINVERSE]**를 실행하면 된다. 그러나 행렬의 칸을 맞추어야 하므로 다음과 같이 한다. **=MINVERSE( )**를 실행하고 **[CONTROL]-[SHIFT]-[ENTER]**를 실행해야 적절한 칸에 수들이 들어간다.

$$A^{-1} = \begin{bmatrix} 3 & 2 \\ -1 & -1 \end{bmatrix}$$

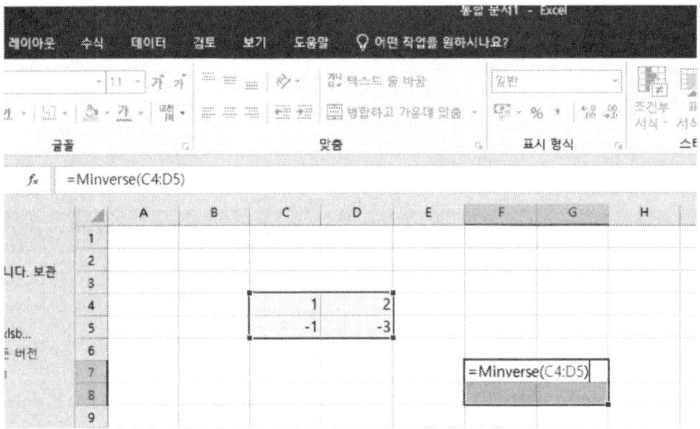

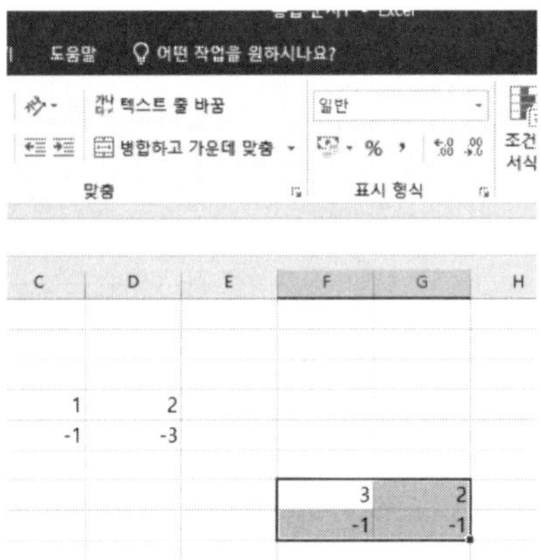

따라서 행렬 A의 역행렬은

$$A^{-1}=\begin{bmatrix} 3 & 2 \\ -1 & -1 \end{bmatrix}$$

이다.

예제 5.8

아래 5×5 행렬의 역행렬을 구하시오.

$$A=\begin{bmatrix} 1 & 3 & 2 & -1 & 0 \\ 2 & 3 & 4 & -2 & 1 \\ 0 & 2 & 3 & 1 & 1 \\ 2 & 2 & -2 & 1 & 1 \\ -1 & 5 & -3 & 0 & 1 \end{bmatrix}$$

» 해답

1	3	2	-1	0						
2	3	4	-2	1						
0	2	3	1	1						
2	2	-2	1	1						
-1	5	-3	0	1						
						0.192308	0	-0.11538	0.307692	-0.19231
						0.302885	-0.125	0.043269	0.009615	0.072115
						0.076923	1.35308E-17	0.153846	-0.07692	-0.07692
						0.254808	-0.375	0.322115	0.182692	-0.12981
						-1.09135	0.625	0.129808	0.028846	0.216346

8 엑셀을 이용한 방정식의 해 구하기

이번에는 다음과 같은 방정식의 해에 대해 역행렬을 이용해 구해보자.

$$x_1 + 2x_2 = 4$$

$$-x_1 - 3x_2 = 1$$

이 식을 행렬로 표시하면 방정식은 $AX = B$가 되고 해는 $X = A^{-1}B$가 된다. 따라서,

$$A = \begin{bmatrix} 1 & 2 \\ -1 & -3 \end{bmatrix},\ X = \begin{bmatrix} x_1 \\ x_2 \end{bmatrix},\ B = \begin{bmatrix} 4 \\ 1 \end{bmatrix}$$

의 해를 구하기 위해서는 먼저 A^{-1}의 값을 **=MINVERSE(array)**를 이용하여 구하고 이어서 $A^{-1}B$의 값을 **=MMULT(array1, array2)**를 이용하여 구한다.

$$X = \begin{bmatrix} 14 \\ -5 \end{bmatrix},\ x_1 = 14,\ x_2 = -5$$

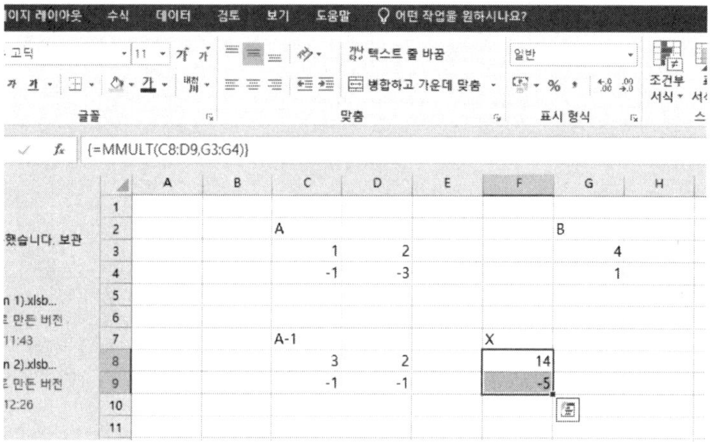

예제 5.9

다음 연립방정식의 해를 역행렬을 이용하여 구하시오.

$$\begin{aligned} &x_1 + x_2 - x_3 + x_4 = 3 \\ &3x_1 + 3x_2 \quad - x_4 = 9 \\ &-x_1 - x_2 + 2x_3 + x_4 = -5 \\ &x_1 - x_2 - x_3 - x_4 = 3 \end{aligned}$$

$$x_1 = 2.2,\ x_2 = 0.6,\ x_3 = -0.8,\ x_4 = -0.6$$

» 해답

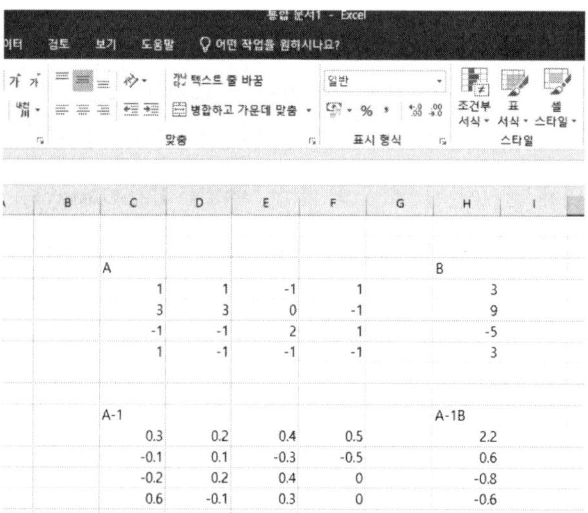

연습문제

1 $A=\begin{bmatrix} 1 & 1 \\ -1 & 2 \end{bmatrix}$, $B=\begin{bmatrix} 2 & 3 \\ 1 & 0 \end{bmatrix}$일 때, 다음을 구하시오.

(A) $A+B$

(B) $A-B$

(C) $A \times B$

(D) A^T, B^T

(E) $\det A, \det B$

(F) A_{adj}

(G) A^{-1}

(H) AA^{-1}

(I) $A^{-1}B$

2 다음 방정식의 해를 구하시오.

$$\begin{aligned} x+2y&=1 \\ 3x-y&=5 \end{aligned}$$

(A) 행렬식 이용 (B) 역행렬 이용

(C) 행렬식과 엑셀 이용 (D) 역행렬과 엑셀 이용

3 다음 방정식의 해를 엑셀을 이용하여 구하시오.

$$\begin{aligned} x+y+z&=3 \\ x-y-z&=1 \\ -x+2y+z&=0 \end{aligned}$$

(A) 행렬식

(B) 역행렬

오일러 (Leonhard Euler, 1707 ~ 1783)

오일러는 소개할 필요가 없을 만큼 인류의 수학 역사를 대표하는 수학자 중 한 사람이다. 오일러는 스위스 바젤에서 목사이신 아버지와 어머니 사이에서 첫째로 태어났다. 오일러는 13세에 바젤대학교에 입학하였으며 1723년에 석사학위를 받았다. 다니엘 베르누이의 추천으로 오일러는 러시아 상트페테르부르크 러시아 과학아카데미의 교수로 임명되었다.

오일러는 기하학, 대수학, 정수론 등 수학의 거의 모든 분야에서 탁월한 업적을 남겼다. 무엇보다도 그가 수학에 크게 기여한 분야는 우리가 현재 사용하고 있는 많은 수학기호를 도입한 것이다. 이 기호 덕분에 수학이 간단하면서도 더욱 명확하게 되었다. 대표적인 그의 기호로는 함수 $f(x)$를 들 수 있으며, 이외에도 자연로그 e, 수열의 합을 뜻하는 $\sum$, 허수를 의미하는 i등이 있다.

오일러는 1741년 러시아의 혼란을 피해 베를린으로 이주하였으며 프로이센의 과학아카데미에서 교수를 하였다. 오일러는 약 92권의 전집과 866편의 논문을 작성할 만큼 방대한 업적을 남겼다. 만년에 그는 백내장으로 인하여 양쪽 눈을 완전히 실명하게 되었지만, 수학연구를 위해서는 세상일을 안 보는 것이 더 좋다고 스스로 위안하였다. 오일러가 남긴 유명한 공식으로는 수학 사상 가장 아름다운 공식이라는 다음의 식이 있다.

$$e^{i\pi} + 1 = 0$$

6장

미분

미분과 적분은 뉴턴과 라이프니츠에 의해 발견된 이래 고등수학으로 가는 지름길이었다. 현대에 와서는 공정모델링 등에 필수적으로 사용된다.

1 미분

미분은 다음과 같이 정의된다.

$$f'(x) = \lim_{h \to 0} \{f(x+h) - f(x)\}/h \qquad \text{(미분의 정의)}$$

$f'(x)$를 $f(x)$에 대해 도함수라 칭한다. 도함수는 $f'(x)$ 이외에도 dy/dx, df/dx로 표기된다.

위의 정의를 이용하여 함수 $f(x)$에 대해 다양한 도함수를 구할 수 있는데, 점 a에 대해 도함수를 구하면 다음과 같다.

$$f'(a) = \lim_{h \to 0} \{f(a+h) - f(a)\}/h$$

위 식의 의미는 $x = a$에서 함수의 접선 기울기를 뜻한다.

$f'(a)$의 값이 존재하면 $f(x)$는 $x = a$에 대해 미분가능이라고 한다. 우리가 일상적으로 사용하는 $x^n + x^{n-2}$ 등의 다항식, 삼각함수, 지수함수들은 대부분 미분가능한 함

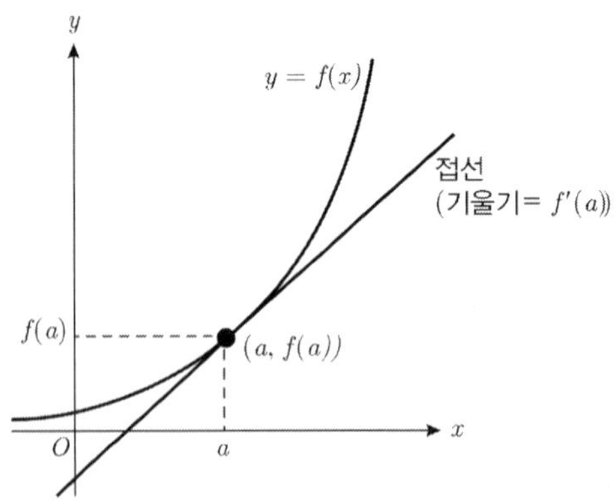

그림 6.1 미분, 접선의 기울기

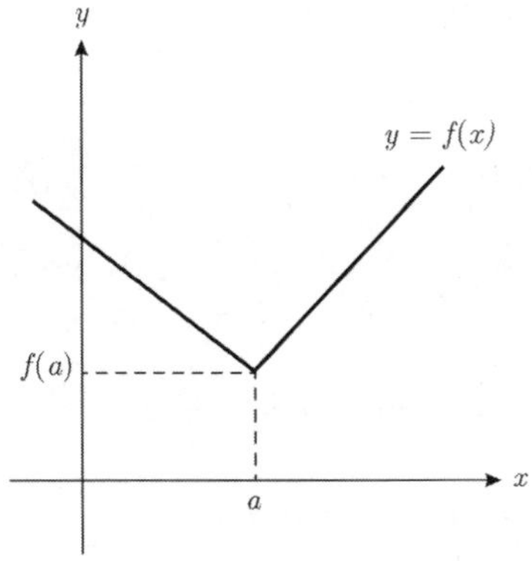

그림 6.2 $x=a$에서 미분불가능

수들이다. 함수 중에는 미분불가능한 경우도 존재한다. 가장 첫 번째로 $x=a$를 기준으로 우미분과 좌미분의 값이 다른 경우이다. 우미분은 x값이 a보다 큰 지점에서 a쪽으로 접근하는 것을 의미하며 보통 $\lim_{h \to a+}$으로 표기한다. 좌미분은 x값이 a보다 작은 지점에서 a쪽으로 다가가는 것을 의미하며 $\lim_{h \to a-}$으로 표시한다(그림 6.1). 우미분과 좌미분의 값이 다르면 $x=a$에서 미분불가능하다고 한다. 그러나 $x \neq a$, 즉 <그림 6.1>처럼 그래프가 꺾여져 있지 않은 경우에는 각 지점에서 미분가능하다.

예제 6.1

다음 함수의 도함수를 구하시오.

(A) $f(x)=x$

(B) $f(x)=e^x$

(C) $f(x)=\cos x$

» 해답

(A) $f'(x)= \lim_{h \to 0}\{(x+h)-x\}/h$

$= \lim_{h \to 0} h/h = \lim 1/1 = 1$

(B) $f'(x) = \lim_{h \to 0}\{e^{x+h}-e^x\}/h$

$$= \lim_{h \to 0} e^x (e^h - 1)/h$$

$$= \lim_{h \to 0} e^x (e^h/1)$$

$$= e^x$$

(C) $f'(x) = \lim_{h \to 0} \{\cos(x+h) - \cos x\}/h$

$$= \lim_{h \to 0} \{\cos x \cos h - \sin x \sin h - \cos x\}/h$$

$$= \lim_{h \to 0} \{-\sin x \sin h - \cos x (1 - \cos h)\}/h$$

$$= -\sin x \lim_{h \to 0} \sin h/h - \cos x \lim_{h \to 0} \{(1 - \cos h)/h\}$$

$$= -\sin x \lim_{h \to 0} \cos h/1 - \cos x \lim_{h \to 0} \sin h/1$$

$$= -\sin x$$

*$\lim_{h \to 0} h/h$는 0/0의 부정형이며, 이때 로피탈 정리(l'Hôpital's rule)를 사용하면 분자와 분모를 다시 한번 미분할 수 있고 따라서 $\lim 1/1 = 1$이 된다. 이처럼 도함수를 구하는 데 로피탈 정리는 대단히 유용하게 사용된다.

---

2 미분의 중요 공식들

미분에서 자주 사용되는 중요한 공식들은 다음과 같다.

표 6.1 미분에서 사용되는 주요 공식들(1)

함수	공식	
	f	f'
다항식함수	$f = c$(상수)	$f' = 0$
	$f = x^n$	$f' = nx^{n-1}$
삼각함수	$f = \sin x$	$f' = \cos x$

	$f = \cos x$	$f' = -\sin x$
	$f = \tan x$	$f' = \sec^2 x$
	$f = \csc x$	$f' = -\csc x \cot x$
	$f = \sec x$	$f' = \sec x \tan x$
	$f = \cot x$	$f' = -\csc^2 x$
역삼각함수	$f = \arcsin x$	$f' = 1/\sqrt{1-x^2}$
	$f = \arccos x$	$f' = -1/\sqrt{1-x^2}$
	$f = \arctan x$	$f' = 1/(1+x^2)$
	$f = \mathrm{arc}cot\, x$	$f' = -1/(1+x^2)$
	$f = \mathrm{arc}sec\, x$	$f' = 1/x\sqrt{x^2-1}$
	$f = \mathrm{arc}csc x$	$f' = -1/x\sqrt{x^2-1}$
쌍곡선함수	$f = \sinh x$	$f' = \cosh x$
	$f = \cosh x$	$f' = \sinh x$
	$f = \tanh x$	$f' = \mathrm{sech}^2 x$
	$f = \mathrm{csch} x$	$f' = -\mathrm{csch} x \coth x$
	$f = \mathrm{sech} x$	$f' = -\mathrm{sech} x \tanh x$
	$f = \coth x$	$f' = -\mathrm{csch}^2 x$
역쌍곡선함수	$f = \mathrm{arcsinh} x$	$f' = 1/\sqrt{x^2+1}$
	$f = \mathrm{arccosh} x$	$f' = 1/\sqrt{x^2-1}$, $x > 1$
	$f = \mathrm{arctanh} x$	$f' = 1/(1-x^2)$, $-1 < x < 1$
	$f = \mathrm{arccoth} x$	$f' = 1/(1-x^2)$, $\|x\| > 1$
	$f = \mathrm{arcsech} x$	$f' = -1/x\sqrt{1-x^2}$, $0 < x < 1$
	$f = \mathrm{arccsch} x$	$f' = -1/x\sqrt{1+x^2}$, $x \neq 0$
지수함수, 로그함수	$f = e^x$	$f' = e^x$
	$f = a^x$	$f' = a^x \ln a$
	$f = \ln x$	$f' = 1/x$

표 6.2 미분에서 사용되는 주요 공식들(2)

구분	공식
사칙연산	$d/dx\{f(x)+g(x)\} = f'(x)+g'(x)$ $d/dx\{f(x)-g(x)\} = f'(x)-g'(x)$ $d/dx\ \{cf(x)\} = cf'(x)$ $d/dx\{f(x)g(x)\} = f'(x)g(x)+f(x)g'(x)$ $d/dx\ \{f(x)/g(x)\} = \{f'(x)g(x)-f(x)g'(x)\}/g(x)^2$
연쇄법칙	$dy/dx = dy/du\ du/dx$ $d/dx(f(g(x))) = f'(g(x))g'(x)$
고차 미분	$f' = df/dx$ $f'' = df^2/dx^2 = df'/dx$ $f''' = df^3dx^3 = df''/dx$

예제 6.2

(A) $f = 3x^3-2x^2+x-1$에 대해 1차, 2차, 3차 도함수를 구하시오.

(B) $f = 1/x-2/x^3$에 대해 1차 도함수를 구하시오.

(C) $f = 2\sin x-5\cos x+\tan x+2$의 1차 도함수를 구하시오.

(D) $f = 2e^x+\ln x-3x$일 때 $f'(2)$를 구하시오.

(E) $f = e^x\sin x$일 때 f'을 구하시오.

(F) $f = \ln x/x^3$일 때 f'을 구하시오.

(G) $f = e^{\sin x}$일 때, f'을 구하시오.

(H) y = $\arcsin x$를 1차 미분하시오.

(I) y = $\sin x\cos x$를 1차 미분하시오.

(J) y = $\sin x+\sinh x+\arcsin x+\operatorname{arcsinh} x$의 dy/dx를 구하시오.

(K) y = $\cos x+\cosh x+\arccos x+\operatorname{arccosh} x$의 dy/dx를 구하시오.

(L) $y = \tan x+\tanh x+\arctan x+\operatorname{arctanh} x$의 dy/dx를 구하시오.

» 해답

(A) $f' = 9x^2-4x+1$

$f'' = 18x-4$

$f''' = 18$

(B) $f = x^{-1} - 2x^{-3}$

$f' = -x^{-2} - 2(-3)x^{-4}$

$= -x^{-2} + 6x^{-4}$

(C) $f' = 2\cos x + 5\sin x + \sec^2 x$

(D) $f' = 2e^x + 1/x - 3$

$f'(2) = 2e^2 + 1/2 - 3 = 12.28$

(E) $f' = e^x \sin x + e^x \cos x$

(F) $f' = 1/x \cdot 1/x^3 - \ln x \cdot 3x^{-4}$

$= 1/x^4 - (3\ln x)/x^4$

(G) $f' = e^{\sin x} \cos x$

(H) $y = \arcsin x$

$\sin y = x$ 여기서, 양변을 미분하면

$\cos y \, dy/dx = 1$

$dy/dx = 1/\cos y$

$\sin^2 y + \cos^2 y = 1$이므로

$\cos y = \sqrt{(1 - \sin^2 y)} = \sqrt{(1 - x^2)}$

$dy/dx = 1/\sqrt{(1 - x^2)}$

(I) $\cos x \cos x - \sin x \sin x = \cos^2 x - \sin^2 x$

(J) $\cos x + \cosh x + 1/\sqrt{1 - x^2} + 1/\sqrt{x^2 + 1}$

(K) $-\sin x + \sinh x + 1/\sqrt{x^2 - 1} + 1/\sqrt{x^2 - 1}$

(L) $\sec^2 x + \mathrm{sech}^2 x + 1/(1 + x^2) + 1/(1 - x^2)$

미분과 관련되어 대단히 유용한 로피탈 정리는 다음과 같다.

$$\lim_{x \to 0} f(x)/g(x) = \lim_{x \to 0} f'(x)/g'(x) = L \qquad \text{(로피탈 정리)}$$

$$\lim_{x \to \infty} f(x)/g(x) = \lim_{x \to \infty} f'(x)/g'(x) = L$$

몇 가지 예를 들어 로피탈 정리의 유용함을 확인해 보자.

예제 6.3

다음을 구하시오.

(A) $\lim_{x \to 0} \sin x/x$

(B) $\lim_{x \to 0} (a^x - 1)/x$

(C) $\lim_{x \to \infty} (\ln x)/x$

(D) $\lim_{x \to \infty} x^2/e^x$

» 해답

(A) $\lim_{x \to 0} \cos x/1 = 1$

(B) $\lim_{x \to 0} a^x \ln a/1 = \ln a$

(C) $\lim_{x \to \infty} (1/x)/1 = 0$

(D) $\lim_{x \to \infty} 2x/e^x = \lim_{x \to \infty} 2/e^x = 0$

3 편미분

함수 중에는 $f(x,y) = x + y$와 같이 독립변수가 2개 또는 그 이상 존재하는 경우도 있다. 독립변수가 1개인 경우 미분을 상미분이라 하며, 독립변수가 2개 이상인 경우를 편미분이라 한다. 상미분은 df/dx로 표시하는 반면 $f(x,y)$와 같이 독립변수가 2개인 편미분에서는 $\partial f/\partial x$, $\partial f/\partial y$와 같이 표기한다. $\partial f/\partial x$는 함수 f를 x에 대해서만 미분하고 y는 상수처럼 계산하며, $\partial f/\partial y$의 경우에는 함수 f를 y에 대해서만 미분하고 x는 상수처럼 다룬다.

상미분에 적용되는 공식들은 모두 편미분에 동일하게 적용된다. 2차 미분의 경우에는 f를 x에 대해 두 번 미분하면 $\partial^2 f/\partial x^2$, f를 y에 대해 두 번 미분하면 $\partial^2 f/\partial y^2$, f를 x에 대해 1회, y에 대해 1회 미분하면 $\partial^2 f/\partial x \partial y$로 표시한다. 예를 들면 $f(x,y)=x+2y$일 때,

$$\partial f/\partial x = \partial\{x+2y\}/\partial x = \partial x/\partial x + 2\partial y/\partial x = 1$$

이며 전미분 df는 다음의 성질을 가진다.

$$df = \partial f/\partial x\, dx + \partial f/\partial y\, dy$$

그리고 편미분에 대해

$$\partial^2 f/\partial x \partial y = \partial^2 f/\partial y \partial x$$

가 성립한다.

함수 $f(x,y,z)$가 3개의 독립변수를 가지는 경우에는 $\partial f/\partial x$, $\partial f/\partial y$, $\partial f/\partial z$가 존재하며 독립변수 2개의 경우와 유사하게 미분한다. 전미분은

$$df = \partial f/\partial x\, dx + \partial f/\partial y\, dy + \partial f/\partial z\, dz$$

이다.

예제 6.4

$f = x^3 - e^{-x} + \ln y - \sin x - \cos y$일 때, 다음을 구하시오.

(A) $\partial f/\partial x$

(B) $\partial f/\partial y$

(C) $\partial^2 f/\partial x^2$

(D) $\partial^2 f/\partial y^2$

(E) $\partial^2 f/\partial x \partial y$

(F) df

》 해답

(A) $\partial f/\partial x = 3x^2+e^{-x}-\cos x$

(B) $\partial f/\partial y = 1/y+\sin y$

(C) $\partial^2 f/\partial x^2 = 6x-e^{-x}+\sin x$

(D) $\partial^2 f/\partial y^2 = -y^{-2}+\cos y$

(E) $\partial^2 f/\partial x\partial y = \partial(\partial f/\partial x)/\partial y = \partial(3x^2+e^{-x}-\cos x)/\partial y=0$

(F) $df = \partial f/\partial x\ dx + \partial f/\partial y\ dy$

$= (3x^2+e^{-x}-\cos x)\ dx + (1/y+\sin y)dy$

예제 6.5

$f = x^2 - ze^y + \ln z - y\sin 3x + e^z\cos 2y$일 때, 다음을 구하시오.

(A) $\partial f/\partial x$

(B) $\partial f/\partial y$

(C) $\partial f/\partial z$

(D) $\partial^2 f/\partial x^2$

(E) $\partial^2 f/\partial y^2$

(F) $\partial^2 f/\partial z^2$

(G) $\partial^2 f/\partial x\partial y$

》 해답

(A) $\partial f/\partial x = 2x-3y\cos 3x$

(B) $\partial f/\partial y = -ze^y-\sin 3x-2e^z\sin 2y$

(C) $\partial f/\partial z = -e^y+1/z+e^z\cos 2y$

(D) $\partial^2 f/\partial x^2 = 2+9y\sin 3x$

(E) $\partial^2 f/\partial y^2 = -ze^y-4e^z\cos 2y$

(F) $\partial^2 f/\partial z^2 = -z^{-2}+e^z\cos 2y$

(G) $\partial^2 f/\partial x\partial y = \partial(\partial f/\partial x)/\partial y = -3\cos 3x$

연습문제

1 $f = 2x^2 - 3/x$, f', f''을 구하시오.

2 $f = 3\sin x - 2\cos x$, f', f''을 구하시오.

3 $f = \sin x^2 + \cos(2/x)$, f'을 구하시오.

4 $f = e^x + 3\ln x + 2^x$, $f'(1)$, $f''(1)$을 구하시오.

5 $f(x, y, z) = \sin x \cos y - e^{-y} \sin x + e^x / \ln z$에 대해 다음을 구하시오.

(A)$\partial f/\partial x$

(B)$\partial f/\partial y$

(C)$\partial f/\partial z$

(D)$\partial^2 f/\partial x^2$

(E)$\partial^2 f/\partial y^2$

(F)$\partial^2 f/\partial z^2$

(G)$\partial f/\partial x\partial y$

(H)$\partial^2 f/\partial y\partial z$

영국 옥스퍼드 대학교 자연사 박물관에 있는 뉴턴과 라이프니츠 조각상

우리가 널리 사용하는 미분을 누가 처음 발견하였느냐는 유럽 수학계의 오랜 논쟁거리였다. 이와 관련된 인물로 뉴턴(Isaac Newton, 1642~1726)과 라이프니츠(Gottfried Wilhelm Leibniz, 1646~1716)가 있다. 미분에 관한 최초의 논문은 라이프니츠가 1684년 자신의 첫 논문에서 미분을 사용한 이후부터 시작되었고, 로피탈 정리로 유명한 로피탈이 1696년에 라이프니츠의 미적분학을 소개하는 교재를 출판하였다.

이에 대해 뉴턴은 1666년 23세의 나이에 미적분학 연구를 시작했다고 주장했으며, 다만 수십 년 후 출판된 책에서 작은 주석을 제외하고는 이를 출판하지 않았을 뿐이라고 반박하였다. 그리고 뉴턴과 뉴턴의 지지자들은 라이프니츠가 뉴턴의 미분 지식을 표절하였다고 격렬히 비난하였고, 라이프니츠 또한 뉴턴이 자기의 지식을 표절하였다고 서로가 상대를 격하게 비난하였으며, 이러한 논쟁은 라이브니츠가 사망할 때까지 계속되었다. 다만 당시의 상황은 라이프니츠에게 다소 불리하게 돌아가고 있었다. 왜

냐하면 라이프니츠를 적극적으로 후원한 신성로마제국 내 하노버공국의 제후인 게오르그 루티비히가 영국의 왕이 후손이 없이 죽자, 차기 영국 왕이 되었기 때문이었다. 현대에서는 뉴턴과 라이프니츠가 각기 독자적으로 미분을 발견하였다고 인정하고 있으며, 미분의 수학적 표현에서도 두 사람의 수식들이 모두 사용되고 있다.

7장

적분

1. 적분의 정의
2. 정적분
3. 이상적분
4. 불연속 이상적분
5. 이중적분, 삼중적분

1 적분의 정의

적분은 미분의 역연산이라 할 수 있다. $F(x)$라는 함수를 미분할 때, 그 결과가 $f(x)$라면 다음의 식이 성립한다.

$$dF(x)/dx = f(x)$$

위 식을 적분하면 다음과 같이 된다.

$$\int f(x)dx = F(x) + c(c\text{: 임의의 상수}) \qquad \text{(부정적분의 정의)}$$

위와 같이 구간이 없는 형태의 적분을 부정적분이라 한다. 즉

$$d/dx\left(\int f(x)dx\right) = f(x)$$

이며, 따라서 적분의 역함수는 미분이라 할 수 있다. 마찬가지로

$$\int df(x)/dx = f(x) + c$$

가 되므로 미분 df/dx의 역함수 또한 적분이라 할 수 있다. 이 관계를 이용하면 미분표나 적분표 중 하나만 있으면 상호 미분-적분 변환에 유용하게 사용할 수 있다. 부정적분에서 널리 사용되는 공식들은 다음과 같다.

함수	공식
다항식	$\int x^n dx = \frac{x^{n+1}}{n+1} + C \qquad \text{if } n \neq -1$
	$\int x^{-1} dx = \ln\lvert x\rvert + C$
	$\int \frac{1}{1+x^2} dx = \arctan x + C$
일반적인 연산	$\int af(x)dx = a\int f(x)dx \qquad (a\text{ 상수})$

	$\int \{f(x)+g(x)\}dx = \int f(x)dx + \int g(x)dx$
	$\int f(x)g'(x)dx = f(x)g(x) - \int f'(x)g(x)dx$
	$\int \frac{f'(x)}{f(x)} = \ln\lvert f(x)\rvert + C$
	$\int f'(x)f(x)dx = \frac{1}{2}[f(x)]^2 + C$
삼각함수	$\int \sin x dx = -\cos x + C$
	$\int \cos x dx = \sin x + C$
	$\int \tan x dx = -\ln\lvert\cos x\rvert + C$
	$\int \csc x\, dx = \ln\lvert\csc x - \cot x\rvert + C$
	$\int \sec x\, dx = \ln\lvert\sec x + \tan x\rvert + C$
	$\int \cot x dx = \ln\lvert\sin x\rvert + C$
	$\int \sec^2 x dx = \ln\lvert\tan x\rvert + C$
	$\int \csc^2 x dx = -\cot x + C$
	$\int \sin^n x dx = -\frac{\sin^{n-1}x\cos x}{n} + \frac{n-1}{n}\int \sin^{n-2}x\, dx + C$
	$\int \cos^n x dx = \frac{\cos^{n-1}x\sin x}{n} + \frac{n-1}{n}\int \cos^{n-2}x\, dx + C$
역삼각함수	$\int \arcsin(x)dx = x\arcsin(x) + \sqrt{1-x^2} + C$
	$\int \arcsin(x)dx = x\arccos(x) - \sqrt{1-x^2} + C$
	$\int \arctan(x)dx = x\arctan(x) - \frac{\ln(x^2+1)}{2} + C$
쌍곡선함수	$\int \sinh ax\, dx = \frac{1}{a}\cosh ax + C$
	$\int \cosh ax\, dx = \frac{1}{a}\sinh ax + C$
	$\int \tan x\, dx = \ln\cosh x + C$

역쌍곡선함수	$\int \text{arsinh}(ax)dx = x\,\text{arsinh}(ax) - \frac{\sqrt{a^2x^2+1}}{a} + C$
	$\int \text{arcosh}(ax)dx = x\,\text{arcosh}(ax) - \frac{\sqrt{ax+1}\sqrt{ax-1}}{a} + C$
	$\int \text{artan}(ax)dx = x\,\text{artanh}(ax) + \frac{\ln(1-a^2x^2)}{2a} + C$
지수함수, 로그함수	$\int e^x dx = e^x + C$
	$\int a^x dx = \frac{a^x}{\ln a} + C$
	$\int \ln x\,dx = x\ln x - x + C$ $\int \log_a x\,dx = x\log_a x - \frac{x}{\ln a} + C$
기타함수	$\int \frac{1}{\sqrt{1-x^2}}dx = \text{arsin}\,x + C$
	$\int \frac{-1}{\sqrt{1-x^2}}dx = \text{arcos}\,x + C$

예제 7.1

다음을 구하시오.

(A) $\int (3x^4 - 2/x)dx$

(B) $\int (\cos x/\sin x)dx$

(C) $\int (4\sin x + \cos x)dx$

(D) $\int (e^{-x} + 10^x - 3\ln x)dx$

(E) $\int xe^x dx$

(F) $\int x\sin x dx$

(G) $\int x^4/(1+x^{10})dx$

(H) $\int \cos x \cdot \sin x/\sqrt{(1-\cos^4 x)}\,dx$

(I) $\int (\sin x + \sinh x + \arcsin x + \operatorname{arcsinh} x)dx$

(J) $\int (\cos x + \cosh x + \arccos x + \operatorname{arccosh} x)dx$

» 해답

(A) $3/5x^5 - 2\ln x + C$

(B) $\ln(\sin x) + C$

(C) $-4\cos x + \sin x + C$

(D) $-e^x + 10^x/\ln 10 - 3x\ln x + 3x + C$

(E) $xe^x - \int e^x dx = xe^x - e^x + C$

(F) $x(-\cos x) - \int(-\cos x)dx = -x\cos x + \sin x + C$

(G) $x^5 = t$로 치환하면 $5x^4dx = dt$

$$\int x^4/(1+x^{10})dx = \int 1/5(1+t^2)dt = (1/5)\arctan t + C$$
$$= (1/5)\arctan x^5 + C$$

(H) $\cos^2 x = t$로 치환하면

$-2\cos x \cdot \sin x\, dx = dt$

$$\int \cos x \cdot \sin x/\sqrt{(1-\cos^4 x)}\, dx = -(1/2)\int 1/\sqrt{(1-t^2)}\, dt$$
$$= (-1/2)\arcsin t + C$$
$$= (-1/2)\arcsin(\cos^2 x) + C$$

(I) $-\cos x + \cosh x + x\arcsin x + \sqrt{(1-x^2)} + x\operatorname{arcsinh} x - \sqrt{(x^2+1)} + C$

(J) $\sin x + \sinh x + x\arccos x - \sqrt{(1-x^2)} + x\operatorname{arccosh} x - \sqrt{(x^2-1)} + C$

2 정적분

정적분은 $a \sim b$까지의 적분 구간이 있는 적분을 의미한다.

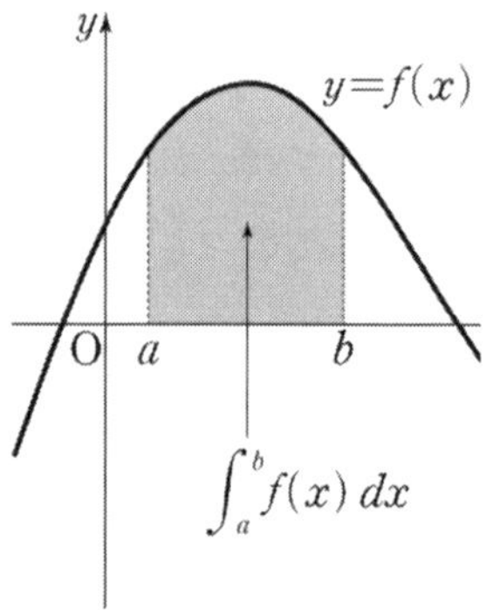

그림 7.1 정적분의 의미

$$\int_a^b f(x)dx = F(b) - F(a) = [F(x)]_a^b \text{ (정적분의 정의)}$$

정적분에서는 부정적분에 존재하는 상수 C는 없다.

예제 7.2

다음을 구하시오.

(A) $\int_1^3 (x^2 - 3/x + 7)dx$

(B) $\int_0^\pi (-\sin x + 2\cos x)dx$

(C) $\int_1^4 (e^{-x} + \ln x)dx$

(D) $\int_{-\pi}^\pi x\sin x\, dx$

(E) $\int_0^1 xe^x\, dx$

(F) $\int_{-\pi}^\pi \sin x\, dx$

(G) $\int_{-\pi}^\pi \cos x\, dx$

» 해답

(A) $[x^3/3 - 3\ln x + 7x]_1^3 = 19.37$

(B) $[\cos x + 2\sin x]_0^\pi = -2$

(C) $[-e^{-x} + x ln\, x - x]_1^4 = 2.89$

(D) $[-x\cos x + \sin x]_{-\pi}^{\pi} + \int_{-\pi}^{\pi} \cos x\, dx = \pi + \pi = 2\pi$

(E) $[xe^x - e^x]_0^1 = e - e + 1 = 1$

(F) $[-\cos x]_{-\pi}^{\pi} =-\cos\pi + \cos(-\pi) =-\cos\pi + \cos(\pi) = 0$

(G) $[\sin x]_{-\pi}^{\pi} = 0$

---

3 이상적분

정적분 중에서 적분 구간이 a 또는 b이거나, 둘 다 모두 무한의 값을 가지는 적분들이 있는데 이공계 응용분야에 자주 사용된다. 이들을 이상적분이라 하며, <그림 7.2>가 이상적분의 대표적인 예이다.

이상적분을 이용하는 경우 변수 x가 무한대로 갈 때, 함숫값이 수렴하는지 또는 발산하는지를 반드시 확인해야 한다. 예를 들면 함수 $y = x^2$이 있을 때 $x \to \infty$이면 당연히 $y \to \infty$의 값을 가진다. 이런 경우에는 굳이 적분의 공식을 이용할 필요가 없다. 그러나 $y = x^{-2}$의 경우에는 $x \to \infty$에 따라 $y \to 0$이 된다. 반면에 $\sin x, \cos x$와 같은 삼

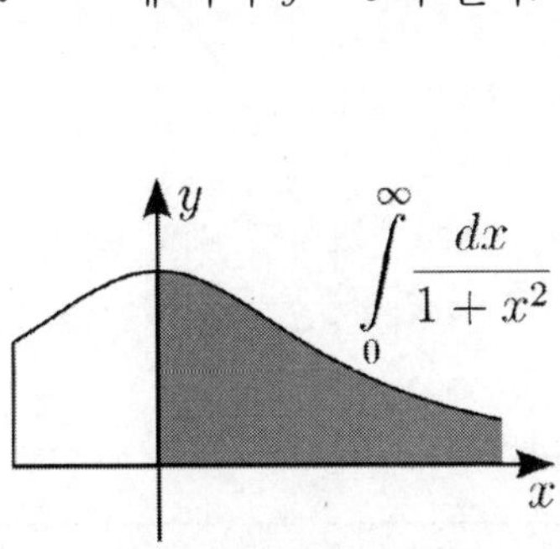

그림 7.2 이상적분의 예시

각함수는 $x \to \infty$ 이더라도 -1~1 사이의 함숫값을 가지므로 절대 수렴되지 않는다. 즉, 이런 경우에는 이상적분을 사용할 수 없다. 그러나 $y = \sin x / x$의 경우에는 $\sin x$의 값은 절대 수렴하지 않지만 $1/x \to 0$이므로 전체 함수 $y \to 0$이 되고 이런 경우에는 이상적분의 계산이 가능하다. 또 다른 대표적인 이상적분으로는

$$\int_{-\infty}^{\infty} e^{-x^2} dx = \sqrt{\pi}$$

와 같은 가우스 적분함수가 있다.

오차함수(error function) 역시 $erf(x) = \frac{2}{\sqrt{\pi}} \int_0^x e^{-t^2} dt$ 적분형태를 띠는 함수이다. 오차함수는 열전달 등 이동현상에 대한 방정식의 해로서 자주 등장한다.

소수의 개수를 정하는 난제에 등장하는 감마함수(gamma function)도 적분형태를 띠고 있으며 다음과 같다.

$$\Gamma(z) = \int_0^{\infty} t^{z-1} e^{-t} dt$$

그리고 미분방정식의 풀이에 널리 사용되는 라플라스 변환(Laplace Transform), 신호처리에 아주 유용한 푸리에 변환(Fourier Transform)도 적분형태의 함수이다.

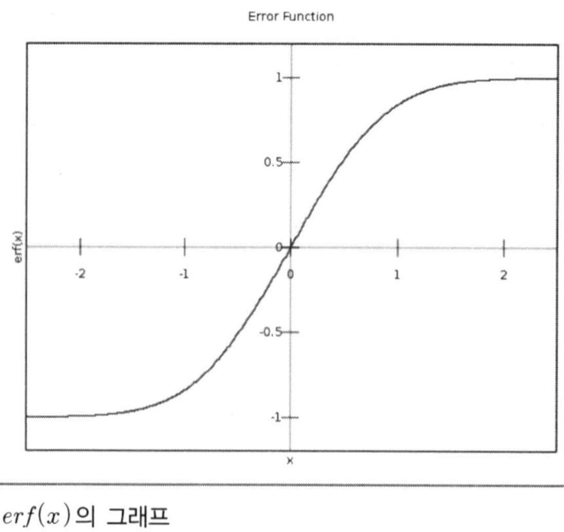

그림 7.3 오차함수 $erf(x)$의 그래프

예제 7.3

다음을 구하시오.

(A) $\int_0^{\infty}(1/(1+x^2))dx$

(B) $\int_0^{\infty}e^{-st}dt$

(C) $\int_1^{e}dt/t$

(D) $\int_0^{\infty}e^{-t}dt$

(E) $erf(1/2)$

» 해답

(A) $[\arctan x]_0^{\infty}=\pi/2$

(B) $\int_0^{\infty}e^{-st}dt=[-e^{-st}/s]_0^{\infty}=1/s$

(C) $\int_1^{e}dt/t=\ln e=1$

(D) $\int_0^{\infty}e^{-t}dt=[-e^{t}]_0^{\infty}=1$

(E) $erf(1/2)=0.520$

4 불연속 이상적분

이상적분 중에는 함수가 불연속인 경우가 자주 발생한다. 대표적으로 $y=1/x^2$을 들 수 있다.

만약 $\int_{-1}^{1}1/x^2dx$를 구하고자 할 때, 적분 구간사이에 무한대로 가는 경우가 있으면,

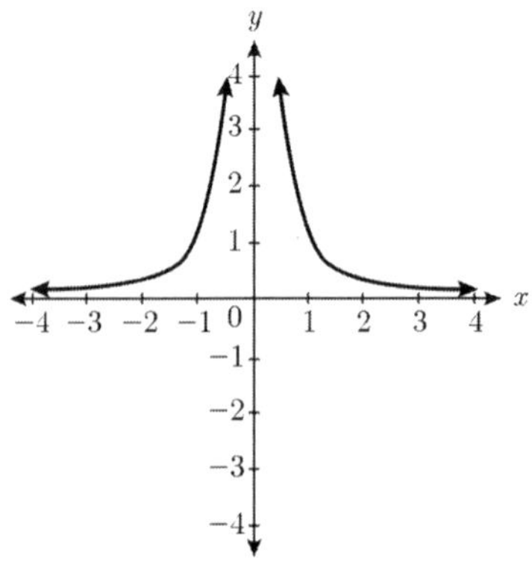

그림 7.4 $y = 1/x^2$의 그래프

두 부분으로 나누고 극한 lim를 취하면 문제가 풀린다.

$$\int_{-\infty}^{\infty} f(x)dx = \int_{-\infty}^{0} f(x)dx + \int_{0}^{\infty} f(x)dx$$

$\int_a^b f(x)dx$가 수렴하기 위해서는 $\int_a^c f(x)dx$와 $\int_c^b f(x)dx$의 값들이 모두 수렴해야 하며, 둘 중 하나라도 발산하면 $\int_a^b f(x)dx \to \infty$가 된다. 그러면 다시 $\int_{-1}^{1} 1/x^2 dx$의 계산을 고려해보자.

$$\begin{aligned}\int_{-1}^{1} 1/x^2 dx &= \lim_{t\to 0}\int_{-1}^{t} 1/x^2 dx + \lim_{t\to 0}\int_{t}^{1} 1/x^2 dx \\ &= [-1/x]_1^0 + [-1/x]_1^0 \\ &= -\infty \quad \text{발산}\end{aligned}$$

이번에는 $\int_{-1}^{1} 1/\sqrt{(1-x)}\,dx$를 계산해보자(단, $x = 1$에서 불연속이다).

$$\begin{aligned}\int_{-1}^{1} 1/\sqrt{(1-x)}\,dx &= \lim_{t\to 1}\int_{-1}^{t} 1/\sqrt{(1-x)}\,dx \\ &= \lim_{t\to 1}\int_{-1}^{t} (1-x)^{-1/2} dx\end{aligned}$$

$$= \lim_{t \to 1} [2\sqrt{(1-x)}]_{-1}^{t}$$

$$= \lim_{t \to 1} [2\sqrt{(1-t)} - 2\sqrt{2}]$$

$$= -2\sqrt{2}$$

예제 7.4

다음을 구하시오.

(A) $\int_0^1 2/\sqrt{x}\,dx$

(B) $\int_{-\infty}^{\infty} (1/(1+x^2))dx$

(C) $\int_1^{\infty} dx/x^2$

(D) $\int_1^{\infty} 3/x\,dx$

(E) $\int_0^{\infty} \sin x\,dx$

≫ 해답

(A) $2/\sqrt{x}$는 $x=0$에서 불연속이다.

$$\begin{aligned}\int_0^1 2/\sqrt{x}\,dx &= \lim_{t \to 0} \int_t^1 2\sqrt{x}\,dx \\ &= \lim_{t \to 0} 2[2x^{1/2}]_t^1 \\ &= 4\end{aligned}$$

(B) $\int_{-\infty}^{\infty} (1/1+x^2)dx = \int_{-\infty}^{0} (1/(1+x^2))dx + \int_0^{\infty} (1/(1+x^2))dx$

$$= \pi/2 + \pi/2 = \pi$$

(C) $$\begin{aligned}\int_1^{\infty} dx/x^2 &= \lim_{b \to \infty} \int_1^b dx/x^2 \\ &= \lim_{b \to \infty} [-1/b+1] \\ &= 1\end{aligned}$$

(D) $\int_1^\infty 3/x\,dx = \lim_{b\to\infty}\int_1^b 3/x\,dx$
$= \lim_{b\to\infty}[3\ln x] = \infty$, 발산

(E) $\int_0^\infty \sin x\,dx = \lim_{b\to\infty}\int_0^b \sin x\,dx$
$= \lim_{b\to\infty}[-\cos b + 1]$
$=$ 발산

---

5 이중적분, 삼중적분

적분이 일차원일 경우에는 $\int f(x)dx$의 형태를 띠지만 2차원, 3차원의 적분일 경우도 존재한다. 따라서 2차원의 경우에는 $\int\int f(x,y)dydx$가 되며 3차원일 경우에는 $\int\int\int f(x,y,z)dxdydz$가 된다. 단일적분의 공식들이 다중적분의 계산에서도 모두 그대로 적용된다. 다중적분에서 매우 유용한 식은 다음의 푸비니(Fubini) 정리이다.

$$\int\int_S f(x,y)dA = \int_a^b(\int_c^d f(x,y)dy)dx \qquad \text{(푸비니 정리)}$$
$$= \int_c^d(\int_a^b f(x,y)dx)dy$$

예제 7.5

다음을 구하시오.

(A) $\int_{-1}^1\int_1^3 e^{x-2y}dydx$

(B) $\int_0^\infty\int_1^2\int_0^\pi \sin x\, ye^{-z}dxdydz$

(C) $\int_0^1\int_0^1\int_0^1 dxdydz$ (정육면체의 부피)

(D) $\int_0^1 \int_0^1 \int_0^1 (x^2 + y^2 + z^2) dx\,dy\,dz$ (구의 부피)

» 해답

(A) $\int_{-1}^{1} \int_{1}^{3} e^{x-2y} dy\,dx = \int_{-1}^{1} \int_{1}^{3} e^{x-2y} dx\,dy$

$= \int_{-1}^{1} [e^{x-2y}]_1^3 dy = \int_{-1}^{1} (e^{3-2y} - e^{1-2y}) dy$

$= [-1/2\, e^{3-2y} + 1/2\, e^{1-2y}]_{-1}^{1}$

$= -1/2\, e + 1/2\, e^{-1} + 1/2\, e^5 - 1/2\, e^3$

(B) $\int_0^{\pi} \sin x\, dx = [-\cos x]_0^{\pi} = 2$

$\int_1^2 y\, dy = [y^2/2]_1^2 = 3/2$

$\int_0^{\infty} e^{-z} dz = [-e^{-z}]_0^{\infty} = 1$

$\int_0^{\infty} \int_1^2 \int_0^{\pi} \sin x\, y e^{-z} dx\,dy\,dz = 2 \times 3/2 \times 1 = 3$

(C) $\int_0^1 \int_0^1 \int_0^1 dx\,dy\,dz = \int_0^1 \int_0^1 [x]_0^1 dy\,dz$

$= \int_0^1 \int_0^1 dy\,dz$

$= \int_0^1 [y]_0^1 dz$

$= \int_0^1 dz$

$= 1$

(D) $\int_0^1 \int_0^1 \int_0^1 (x^2 + y^2 + z^2) dx\,dy\,dz$

$= \int_0^1 \int_0^1 [x^3/3 + y^2 x + z^2 x]_0^1 dy\,dz$

$= \int_0^1 \int_0^1 [1/3 + y^2 + z^2]\, dy\,dz$

$= \int_0^1 [y/3 + y^3/3 + z^2 y]_0^1 dz$

$$= \int_0^1 (2/3 + z^2)\, dz$$

$$= [2z/3 + z^3/3]_0^1$$

$$= 1$$

연습문제

1 다음을 구하시오.

(A) $\int (x^3 + 2x^2 + 1)\,dx$

(B) $\int (-\sin x + 2\cos x)\,dx$

(C) $\int xe^{-x}\,dx$

(D) $\int (e^{-x} - 10^x + \ln x)\,dx$

(E) $\int x\cos x\,dx$

(F) $\int x^3 e^{-x4}\,dx$

2 다음을 구하시오.

(A) $\int_0^1 (x^3 + 2x^2 + 1)\,dx$

(B) $\int_0^{\pi} (-\sin x + 2\cos x)\,dx$

(C) $\int_0^2 xe^{-x}\,dx$

(D) $\int_1^{\pi} (e^{-x} - 10^x + \ln x)\,dx$

(E) $\int_{-\pi}^{\pi} x\cos x\,dx$

(F) $\int_0^1 x^3 e^{-x4}\,dx$

(G) $\int_0^{\pi/2} (-\sin x + \cosh 2x)\,dx$

3 다음을 구하시오.

(A) $\int_0^\infty e^{-x}\,dx$

(B) $\int_1^\infty dx/x^4$

(C) $\int_0^\infty e^{-2x}\,dx$

(D) $\int_1^\infty 1/x\,dx$

(E) $\int_0^\infty \sinh x\,dx$

4 다음을 구하시오.

(A) $\int_{-1}^{1}\int_{-1}^{1} e^x e^y\,dx\,dy$

(B) $\int_0^1 \int_0^1 \int_0^1 (x^2 - y^2 - z)\,dz\,dy\,dx$

(C) $\int_0^\pi \int_0^\pi \cos(x+y)\,dx\,dy$

라이프니츠 (Gottfried Wilhelm Leibniz, 1646 ~ 1716)

라이프니츠는 거의 동시대에 활약한 뉴턴에 비해 상대적으로 푸대접을 받으며 살아갔지만, 인류의 수학, 철학 등 다방면에 크게 기여한, 인류문명의 선구자 중 한사람으로 평가받는 위대한 인물이다. 라이프니츠는 1646년 신성로마제국(지금의 독일) 내 라이프치히에서 대학교수인 아버지 프레드리히 라이프니츠와 어머니 카타리나 슈먹사이에 태어났다. 라이프니츠는 어린 시절부터 대단한 신동이었는데, 아버지를 따라 라이프치히 대학도서관에 출입하였으며 12세에 라틴어(고대 이탈리아어)를 완벽히 구사할 수 있었다. 14세에 아버지가 교수로 있던 라이프치히 대학에 입학하였고, 이듬해 철학학사 학위를 취득하였다.

라이프니츠는 수학뿐만 아니라 철학, 물리학, 지질학, 심리학, 의학, 논리학, 신학 등 그 당시 그가 관심을 가졌던 거의 모든 분야에서 탁월한 업적을 남겼다. 현재 적분에서 사용하는 기호 $\int$ 또한, 라이프니츠가 최초로 사용한 것이다. 이외에도 그는 베를린 학사원을 설립하여 평생 학회 회장으로서 활동하였다. 그러나 그를 적극적으로 후원해주던 신성로마제국 내 하노버 공국의 제후, 게오르그 루트비히가 영국 왕 조지 1세로 취임하게 되면서 그의 입지는 상당히 좁아졌으며, 말년에는 뉴턴의 업적을 표절한 사람으로 오해를 받으면서 쓸쓸히 사망하였다. 물론 현대에서는 미적분학의 창시자로서 뉴턴과 함께 그 공적을 크게 인정받고 있다.

8장

상미분방정식

1. 1차 상미분방정식
2. 적분인자를 이용한 1차 상미분방정식
3. 상수계수를 가지는 2차 제차 상미분방정식
4. 상수계수를 가지는 2차 비제차 상미분방정식

미분방정식은 도함수가 포함된 방정식을 의미한다. 또한, 미분방정식은 독립변수가 1개인 상미분방정식(ordinary differential equation)과 독립변수가 2개 이상인 편미분방정식(partial differential equation)으로 구분된다. 이번 장에서는 변수 분리에 의한 간단한 미분방정식 해법을 소개하며, 이외에도 라플라스 변환에 의한 해는 11장에서 별도로 소개한다.

1 1차 상미분방정식

1차 상미분방정식은 $dy/dx + f(x)y = b(x)$의 형태를 띠는 미분방정식이며 화학반응 등에서 자주 도출된다. 이런 형태는 변수 분리 방식으로 푸는 것이 가장 쉬운 방법이다. 이 방법은 y함수와 x함수를 각각 $=$의 다른 편으로 분리한 후 적분하여 해를 구하는 방법이다. 우선 제일 간단한 경우로 $f(x) = a$(상수)이고, $b(x) = 0$인 경우를 먼저 고려해보자.

$$dy/dx + ay = 0$$

이고

$$dy/dx = -ay$$

이면 $dy/y = -a\,dx$가 되며 이를 적분하면

$$\int (1/y)\,dy = -a \int dx$$

$$y = ce^{-ax} \text{(}c\text{는 상수)}$$

이다.

예제 8.1

다음의 미분방정식 해를 구하시오.

$$dy/dx + 2y = 0,\ y(0) = 1$$

» 해답

변수를 분리하면

$$dy/y = -2dx$$

이고 적분하면

$$\int dy/y = -2\int dx$$

$$\ln y = -2x + c_1$$

$$y = ce^{-2x}$$

이다. $x = 0$에서 $y = 1$이므로 $1 = ce^0 = c$, 따라서 $y = e^{-2x}$이다.

$dy/dx + ay = b(a \neq 0, b \neq 0)$인 경우도 변수 분리 방법으로 풀 수 있다. $dy/dx = b - ay$가 되며 변수를 분리하면

$$dy/(ay-b) = -dx$$

가 되며

$$\int dy/(ay-b) = -\int dx$$

가 된다. 이때, 다음의 적분공식을 응용하면

$$\int c/(ax+b)\,dx = c/a \ln|ax+b| + d$$

$$1/a \ln|ay-b| = -x + d_1$$

$$\ln|ay-b| = a(-x+d_1)$$

$$ay - b = e^{(-ax+ad_1)}$$

$$ay - b = d_2e^{-ax}$$

$$y = (d_2e^{-ax} + b)/a$$

$$= (de^{-ax} + b)/a \quad (d\text{는 상수})$$

$$= d/a\, e^{-ax} + b/a$$

가 된다.

예제 8.2

$dy/dx+2y=3$, $y(0)=1$의 해를 구하시오.

» 해답

변수를 분리하면

$$dy/dx=3-2y$$
$$dy/(3-2y)=dx$$
$$dy/(2y-3)=-dx$$
$$\int dy/(2y-3)=-\int dx$$
$$y=(de^{-2x}-3)/2$$

이고 $x=0$일 때, $y=1$을 대입하면

$$1=(d-3)/2$$
$$d=5$$
$$y=5/2e^{-2x}-3/2$$

가 된다.

다음으로 공부할 유형은 $dy/dx+P(x)y=0$ 형태의 미분방정식이다. 여기서 P는 x만의 함수이다. 이 형태도 변수 분리방식으로 풀 수 있다.

$$dy/dx+Py=0$$
$$dy/dx=-Py$$
$$dy/y=-Pdx$$

양변을 적분하면

$$\int dy/y=-\int Pdx$$
$$\ln y=-\int Pdx$$
$$y=ce^{-\int Pdx} \qquad (c\text{: 상수})$$

이다.

예제 8.3

$dy/dx + x^2y = 0$, $y(0) = 2$의 해를 구하시오.

» 해답

$$dy/dx = -x^2y$$

$$dy/y = -x^2dx$$

양변을 적분하면

$$\int dy/y = -\int x^2dx$$

$$\ln y = -x^3/3 + c_1$$

$$y = ce^{-x^3/3}$$

$y(0) = 2$의 조건을 대입하면

$$2 = c$$

$$y = 2e^{-x^3/3}$$

이 된다.

2 적분인자를 이용한 1차 상미분방정식

$dy/dx + P(x)y = Q(x)$와 같은 방정식이 있을 때는 적분인자(integrating factor) I를 도입하여 문제를 푸는 것이 가장 편리하다. 적분인자 I는 다음과 같다.

$$I = e^{\int Pdx} \qquad \text{(적분인자)}$$

이때, $dy/dx + Py = Q$에 적분인자 I를 곱하면

$$Idy/dx + IPy = IQ$$

양변을 적분하면

$$\int (Idy/dx + IPy)dx = \int IQdx$$

가 되며 이때, 미분공식으로부터

$$dI/dx = d/dx(e^{\int Pdx}) = e^{\int Pdx} \cdot p = Ip$$

$$d/dx(Iy) = Idy/dx + ydI/dx = I\,dy/dx + IPy$$

$$\int (Idy/dx + IPy)dx = \int d/dx(Iy) = \int IQ\,dx$$

$$y = (1/I)(\int IQ\,dx + c)$$

를 구할 수 있다.

예제 8.4

다음 미분방정식의 해를 구하시오.

(A) $dy/dx + 3y/x = e^{2x}/x^3,\ y(1) = 1$

(B) $dy/dx - y/x = -xe^{-x},\ y(1) = 1$

(C) $dy/dx + 2y/x = (\cos x)/x^2,\ y(\pi) = 1$

» 해답

(A) $P = 3/x,\ Q = e^{2x}/x^3$이므로

적분인자 $I = e^{\int 3/x\,dx} = e^{3\ln x} = x^3$

$y = (1/x^3)\int x^3 e^{2x}/x^3\,dx = (1/x^3)(e^{2x}/2 + c)$

$y(1) = 1$를 대입하면

$1 = e^2/2 + c,\ c = 1 - e^2/2$

$y = (1/x^3)(e^{2x}/2 + 1 - e^2/2)$

(B) $P=-1/x, Q=-xe^{-x}$

$I=e^{\int -1/x\,dx}=e^{-\ln x}=1/x$

$y=x\int(1/x)(-xe^{-x})\,dt$

$\quad =x(e^{-x}+c)$

$y(1)=1$을 대입하면

$1=e^{-1}+c, c=1-e^{-1}$

$y=x(e^{-x}+1-e^{-1})$

(C) $P=2/x, Q=\cos x/x^2$

$I=e^{\int 2/x\,dx}=x^2$

$y=(1/x^2)\int x^2\cos x/x^2\,dx$

$\quad =(\sin x+c)/x^2$

$y(\pi)=1$을 대입하면

$1=c/\pi^2, c=\pi^2$

$y=(\sin x+\pi^2)/x^2$

---

3 상수계수를 가지는 2차 제차 상미분방정식

2차 미분방정식의 해를 구하는 것은 몹시 어려우며 일반해는 없고, 단지 몇 가지 특수한 경우에 대한 해를 구할 수 있다. 이번 장에서는

$$d^2y/dx^2+pdy/dx+qy=0 \quad (p,\ q\text{는 모두 상수})$$

의 형태를 가지는 제차(homogeneous) 상미분방정식의 해를 구하는 방법에 대해서만 논의하고자 한다. 이 형태에서는 $y=e^{rx}$(r은 상수)로 놓으면 해를 구할 수 있다. 2차 제차 미분방정식에 $y=e^{rx}$을 도입하면

$$dy/dx = re^{rx}$$

$$d^2y/dx^2 = r^2e^{rx}$$

이며, 위 식을 미분방정식에 도입하면

$$r^2e^{rx} + pre^{rx} + qe^{rx} = 0$$

$$(r^2 + pr + q)e^{rx} = 0$$

$e^{rx} \neq 0$이므로

$$r^2 + pr + q = 0$$

이다. 이때, r은 근의 공식에서부터 구할 수 있다.

$$r = (-p \pm \sqrt{p^2 - 4q})/2$$

여기서, r에 대한 2차 방정식이 나타나며 r에 따라 3가지 경우가 있다.

A. 서로 다른 실수 r

이 경우에는 $r^2 + ar + b = 0$의 형태가 되며 근의 공식에 따라 r_1, r_2를 구할 수 있으며 미분방정식의 일반해는

$$y = Ae^{r_1x} + Be^{r_2x}$$

이다.

예제 8.5

다음의 해를 구하시오.

$$d^2y/dx^2 + dy/dx - 2y = 0,\ y(0) = 1,\ y'(0) = 1$$

» 해답

$y=e^{rx}$를 대입하면

$$r^2+r-2=0$$

$$(r-1)(r+2)=0$$

$$r=1, r=-2$$

$$y=Ae^x+Be^{-2x}$$

이고, 이 식에 경계조건을 대입하면

$$y(0)=1$$

$$1=A+B$$

$$y'=Ae^x-2Be^{-2x}$$

이다. 이때, $y'(0)=1$을 대입하면 $1=A-2B$이며, 따라서 $1=A+B$, $1=A-2B$의 2차 연립방정식이 얻어진다. $B=1-A$이므로

$$1=A-2(1-A)=-2+3A$$

$$A=1,\ B=0$$

$$y=e^x$$

를 구할 수 있다.

B. 동일한 두 근 r

$r^2+ar+b=0$의 형태가 동일한 두 근을 가지면 미분방정식의 해는

$$y=Ae^{rx}+Bxe^{rx}$$

이다.

예제 8.6

다음의 일반해를 구하시오.

$$d^2y/dx^2 - 4dy/dx + 4y = 0,\ y(0) = 1,\ y'(0) = 1$$

» 해답

$y = e^{rx}$을 대입하면

$$r^2 - 4r + 4 = 0$$

$$(r-2)^2 = 0$$

$$r = 2$$

이다. 이때, $y = Ae^{2x} + Bxe^{2x}$에, $y(0) = 1$, $y'(0) = 1$을 대입하여

$$y' = 2Ae^{2x} + Be^{2x} + 2Bxe^{2x}$$

를 계산하면

$$1 = A$$

$$1 = 2A + B,\ B = -1$$

$$y = e^{2x} - xe^{2x}$$

를 구할 수 있다.

C. 서로 다른 복소수 근 r

$r^2 + ar + b = 0$의 형태가 서로 다른 복소수의 두 근 $r = a \pm ib$를 가지면 미분방정식의 해는

$$y = e^{a}(c_1 \cos bx + c_2 \sin bx) \quad (c_1,\ c_2: \text{상수})$$

형태의 근을 갖는다.

예제 8.7

다음의 일반해를 구하시오.

$$d^2y/dx^2 - 2dy/dx + 2y = 0,\ y(0) = 1,\ y'(0) = 1$$

» 해답

$r^2 - 2r + 2 = 0$은 근의 공식에 따라 $r = 1 \pm i$이고

$$y = e(c_1 \cos x + c_2 \sin x)$$

$$y' = e(-c_1 \sin x + c_2 \cos x)$$

이다. 이때, $y(0) = 1, y'(0) = 1$을 대입하면

$$1 = ec_1,\ c_1 = e^{-1}$$

$$1 = ec_2,\ c_2 = e^{-1}$$

$$y = \cos x + \sin x$$

를 구할 수 있다.

4 상수계수를 가지는 2차 비제차 상미분방정식

2차 비제차 상미분방정식은 다음 형태의 미분방정식이다.

$$d^2y/dx^2 + pdy/dx + qy = r(x)$$

이 경우 일반해는

$$y = y_h + y_p$$

의 형식이며 y_h는 제차 상미분방정식의 해이고, y_p는 $r(x)$에 따라 특화된 형식을 갖는다.

표 8.1 2차 비제차 상미분방정식에서 $r(x)$에 따른 y_p

$r(x)$	y_p
x^n	$Ax^n + Bx^{n-1} + ... + K$
e^x	Ae^x
$\sin x$	$A\cos x + B\sin x$
$\cos x$	$A\cos x + B\sin x$

즉, $r = x$라면 $y_p = Ax + B$가 되고, $r = e^x$라면 $y_p = Ae^x$며, $r = \sin x$라면 $y_p = A\cos x + B\sin x$ 형태의 해를 가진다.

예제 8.8

다음의 일반해를 구하시오.

(A) $d^2y/dx^2 + dy/dx - 2y = x,\ y(0) = 1,\ y'(0) = 1$

(B) $d^2y/dx^2 - 4dy/dx + 4y = e^x,\ y(0) = 1,\ y'(0) = 1$

≫ 해답

(A) $y = y_h + y_p$

예제 8.5로부터 $y_h = Ae^x + Be^{-2x}$에서 $r = x$이므로

$$y_p = Cx + D(C,\ D \text{ 상수})$$

$$y'_p = C,\ y''_p = 0$$

이며, y_p 또한 해이므로 이 값을 미분방정식에 대입하면

$$0 + C - 2(Cx + D) = x$$

$$-2Cx + (C - 2D) = x$$

$$-2C = 1,\ C - 2D = 0$$

$$C = -1/2,\ D = -1/4$$

이다. 따라서 최종적으로 해를 구하기 위해 $y = Ae^x + Be^{-2x} - 1/2x - 1/4$에서 $y(0) = 1,\ y'(0) = 1$을 대입하여

$$y' = Ae^x - 2Be^{-2x} - 1/2x$$

를 계산하면

$$1 = A + B - 1/4$$

$$1 = A - 2B$$

$$A = 7/6,\ B = 1/12$$

$$y = 7e^x/6 + e^{-2x}/12 - 1/2\,x - 1/4$$

을 구할 수 있다.

(B) 예제 8.6으로부터 $y_h = Ae^{2x} + Bxe^{2x}$

$$y_p = Ce^x \qquad (C \text{ 상수})$$

$$y'_p = Ce^x$$

$$y''_p = Ce^x$$

이므로, 이 값들을 미분방정식에 대입하면

$$Ce^x - 4Ce^x + 4Ce^x = e^x$$

$$C = 1$$

$y = Ae^{2x} + Bxe^{2x} + e^x$이며, 이때 $y(0) = 1,\ y'(0) = 1$을 대입하여 $y' = 2Ae^{2x} + Be^{2x} + 2Bxe^{2x} + e^x$를 계산하면

$$1 = A + 1,\ A = 0$$

$$1 = 2A + B + 1,\ B = 0$$

$$y = e^x$$

를 구할 수 있다.

연습문제

1 다음의 미분방정식 해를 구하시오.

(A) $y' + y = 1$, $y(0) = 2$

(B) $y' + y = e^{-x}$, $y(0) = 1$

(C) $y' - y/x = x^2$, $y(1) = 1$

2 다음의 해를 구하시오.

(A) $y'' + y' - 12y = 0$, $y(0) = 1$, $y'(0) = 1$

(B) $y'' - 2y' + y = 0$, $y(0) = 1$, $y'(0) = 1$

(C) $y'' - y' + y = 0$, $y(0) = 1$, $y'(0) = 1$

3 다음의 해를 구하시오.

(A) $y'' + y' - 12y = x$, $y(0) = 1$, $y'(0) = 1$

(B) $y'' - 2y' + 2y = \sin 2x$, $y(0) = 1$, $y'(0) = 1$

이번 장에서 소개한 미분방정식 외에도 매우 다양한 형태의 미분방정식들이 존재한다. 우주에 존재하는 현상들은 모두 미분방정식으로 표현될 수 있다고 말해도 전혀 과언이 아닐 정도로 미분방정식은 여러 분야에 존재한다. 다음은 우리가 자주 접하는 미분방정식들의 예이며, 각 해당분야에서 핵심적인 의미를 지니는 것들이다. 미분방정식은 수학, 공학뿐만 아니라 의학, 기상예측, 금융, 경제모델 등 인간생활의 거의 모든 분야에서 결정적인 역할을 한다.

- **뉴턴의 운동방정식**

$$F = d(mv)/dt$$

- **생물군집의 개체수 변화**

$$dx/dt = x(a - by)$$
$$dy/dt = -y(c - dx)$$

- **화학반응 속도식**

$$dC_A/dt = -k_1 C_A + k_2 C_B$$
$$dC_B/dt = k_1 C_A - k_2 C_B$$

- **파동방정식**

$$\partial^2 u/\partial t^2 = c^2 \partial^2 u/\partial x^2$$

- **슈뢰딩거 방정식 (양자역학)**

$$i\hbar \frac{\partial}{\partial t}\psi(x,t) = \left(-\frac{\hbar^2}{2m}\nabla^2 + V(x,t)\right)\psi(x,t)$$

- **열전달 방정식**

$$\frac{\partial}{\partial x}\left(k\frac{\partial T}{\partial x}\right) + \frac{\partial}{\partial y}\left(k\frac{\partial T}{\partial y}\right) + \frac{\partial}{\partial z}\left(k\frac{\partial T}{\partial z}\right) + qv = pc_p\frac{\partial T}{\partial t}$$

- **나비아-스토크스 방정식 (유체역학, $1,000,000의 상금이 걸림!)**

$$\rho\frac{Du}{Dt} = \rho\left(\frac{\partial u}{\partial t} + u \cdot \nabla u\right) = -\nabla p + \nabla \cdot \left\{\mu(\nabla u + (\nabla u)^T - \frac{2}{3}(\nabla \cdot u)I) + \zeta(\nabla \cdot u)I\right\} + pg$$

- **금융 미적분 (Black-Scholes 방정식)**

$$\frac{\partial V}{\partial t} + \frac{1}{2}\sigma^2 S^2 \frac{\partial^2 V}{\partial S^2} + rS\frac{\partial V}{\partial S} - rV = 0$$

9장

급수

1. 급수의 정의
2. 급수의 연산
3. 피보나치 수
4. 테일러 급수
5. 리만제타 함수

함수는 급수의 형태로 표시할 수 있으며, 전산 프로그램 등 여러 방면에 널리 사용된다. 이번 장에서는 급수의 기본지식에 대해 공부할 것이다.

1 급수의 정의

일반적으로 급수는 다음의 식으로 표시된다.

$$\sum_{k=1}^{n} a_n = a_1 + a_2 + a_3 + \ldots + a_n \qquad \text{(급수의 일반형)}$$

그리고 무한급수는 아래의 식으로 표현된다.

$$\sum_{k=1}^{\infty} a_n = a_1 + a_2 + a_3 + \ldots \qquad \text{(무한급수의 일반형)}$$

즉, 급수 $\sum_{k=1}^{n} a_n$은 무한급수 $\sum_{k=1}^{\infty} a_n$의 부분합이라 할 수 있다. 수열 $S_n = \sum_{k=1}^{n} a_k$가 극한값 S로 수렴하면 급수가 S에 수렴한다고 한다.

$$\lim_{n\to\infty} S_n = S$$

급수는 수렴, 발산의 성질이 매우 중요하며 다양한 판정법이 있다. 어떤 한 가지 방법으로 급수의 수렴, 발산을 판정하는 것은 매우 어려운 것으로 알려져 있다. 다음은 자주 사용되는 대표적인 판정법으로 발산판정법이다.

$\lim_{n\to\infty} a_n = 0$이 아닌 급수 $\sum_{n=1}^{\infty} a_n$은 발산급수이다. 즉, $\lim_{n\to\infty} n/(3n+1) = 1/3$에 대해서, $\sum_{n=1}^{\infty} n/(3n+1)$은 발산급수이다.

또 다른 발산판정법으로 기하급수의 판정이 있다.

급수 $\sum_{n=1}^{\infty} a^n$에 대해서, $|a| < 1$이면 수렴, $|a| \geq 1$이면 발산한다.

즉, $0.9 + 0.9^2 + 0.9^3 + \ldots$은 수렴한다. 반면 $a = 1$일 때, $1 + 1^2 + 1^3 + \ldots$은 발산한다. 대표적인 수렴급수로는 다음의 식들이 있다.

$$\frac{1}{1} + \frac{1}{2} + \frac{1}{3} + \frac{1}{8} + \frac{1}{16} + \frac{1}{32} + \ldots = 2$$

$$\frac{1}{1} + \frac{1}{1} + \frac{1}{2} + \frac{1}{6} + \frac{1}{24} + \frac{1}{120} + \ldots = e$$

대표적인 발산급수로는 다음의 식들이 있다.

$$\sum_{j=1}^{\infty} (-1)^j = -1 + 1 - 1 + \ldots$$

$$\sum_{j=1}^{\infty} \frac{1}{j} = \frac{1}{1} + \frac{1}{2} + \frac{1}{3} + \frac{1}{4} + \frac{1}{5} + \frac{1}{6} + \ldots$$

$$\sum_{j=1}^{\infty} \frac{2j-1}{5j} = \frac{1}{5} + \frac{3}{10} + \frac{5}{15} \ldots$$

급수 중에 +와 −항이 교대로 나오는 급수를 교대급수라 한다. 대표적인 교대급수로는

$$1 + 1 - 1 + 1 - 1 + \ldots$$

$$1 - 1/2 + 1/3 - 1/4 + 1/5 - \ldots = \ln 2$$

$$4/1 - 4/3 + 4/5 + 4/7 + 4/9 - 4/11 + \ldots = \pi$$

가 있으며, $\sum_{n=1}^{\infty} ar^{n-1} (a \neq 0)$ 형태의 급수는 등비급수라 하고 이 급수를 전개하면

$$\sum_{n=1}^{\infty} ar^{n-1} = a + ar + ar^2 + ar^3 + \ldots = \lim_{n \to \infty} ar^{n-1}$$

$$= \lim_{n \to \infty} a(1 - r^n)/(1 - r) \quad (r \neq 1)$$

이다. 등비급수는 $|r| < 1$이면 $\lim_{n\to\infty} r^n = 0$이므로 수렴하고, 그 합은 $a/(1-r)$ $|r| \geq 1$일 때 발산한다.

예제 9.1

(A) $\sum_{n=1}^{\infty} 1/n = 1 + 1/2 + 1/3 \ldots$(조화급수)의 수렴, 발산을 판정하시오.

(B) $1 + e + e^2 + e^3 + \ldots$의 수렴, 발산을 판정하시오.

(C) $0.9 + 0.9^2 + 0.9^3 + \ldots$의 합을 구하시오.

» 해답

(A) $1 + 1/2 + (1/3 + 1/4) + (1/5 + 1/6 + 1/7 + 1/8) + \ldots$

$> 1 + 1/2 + (1/4 + 1/4) + (1/8 + 1/8 + 1/8 + 1/8) + \ldots = 1 + 1/2 + 1/2 + 1/2 + \ldots = \infty$

따라서 $\sum_{n=1}^{\infty} 1/n$은 발산한다.

(B) 등비급수이며 $e > 1$, 따라서 급수는 발산한다.

(C) 등비급수이며 $r = 0.9 < 1$이므로 수렴한다. 따라서, 합은 $1/(1-0.9) = 10$이다.

2 급수의 연산

급수에서도 연산을 적용할 수 있다.

$$\sum_{n=1}^{\infty} ka_n = k\sum_{n=1}^{\infty} a_n \quad (k\text{는 상수})$$

$$\sum_{n=1}^{\infty} (a_n \pm b_n) = \sum_{n=1}^{\infty} a_n \pm \sum_{n=1}^{\infty} b_n$$

$$\sum_{n=1}^{\infty} a_n \times \sum_{n=1}^{\infty} b_n = (a_1 + a_2 + a_3 + \ldots) \times (b_1 + b_2 + b_3 + \ldots)$$

$$= a_1b_1 + a_1b_2 + \ldots + a_2b_1 + a_2b_2 + \ldots$$

그러나 무한급수의 연산에서 주의할 점이 있다. 유한급수의 경우 유한개 항의 순서를 바꾸는 교환법칙이 성립하지만, 무한급수에서는 무한개 항의 순서를 바꾸면 원래 급수와 달리 수렴할 수도 발산할 수도 있다. 예를 들어, $\sum_{k=1}^{100}(-1)^k$의 급수가 있다고 하면

$$\sum_{k=1}^{100}(-1)^k = (-1+1)+(-1+1)+(-1+1)+\ldots+(-1+1) = 0+0+0\ldots0 = 0$$

가 된다. 한편 무한급수는

$$\sum_{k=1}^{\infty}(-1)^k = -1+1-1+1-1+\ldots$$

이다. 이때 무한급수에서 $-$항과 $+$항을 각각 묶으면

$$\sum_{k=1}^{\infty}(-1)^k = (1+1+1+\ldots)-(1+1+1+\ldots) = \infty - \infty$$

로 전혀 다른 결과를 얻는다. 다른 방식으로 묶어보면

$$\sum_{k=1}^{\infty}(-1)^k = -1+(1-1)+(1-1)+(1-1)+\ldots = -1+0+0+0+\ldots = -1$$

이 된다. 또 다르게 묶어보면

$$\begin{aligned}\sum_{k=1}^{\infty}(-1)^k &= -1+1-1+1-1+\ldots = (-1+1)+(-1+1)+(-1+1)+\ldots \\ &= 0+0+0\ldots = 0\end{aligned}$$

으로, 즉 무한급수 $\sum_{k=1}^{\infty}(-1)^k$는 연산순서에 따라 ∞, $-\infty$, -1, 0으로 바뀔 수 있다. 따라서 무한급수에서는 교환법칙이 성립하지 않는다.

예제 9.2

(A) $2+e$를 급수로 표시하시오.

(B) $e\pi$를 급수로 표시하시오.

(C) $(\ln 2)/e$를 급수로 표시하시오.

» 해답

(A) $2+e=(1/1+1/2+1/4+1/8+1/16+1/32+\ldots)+$

$(1/1+1/1+1/2+1/6+1/24/1/120+\ldots)$

$=4.71828\ldots$

(B) $e\pi=(1/1+1/1+1/2+1/6+1/24+1/120+\ldots)\times$

$(4/1-4/3+4/5-4/7+4/9-4/11+\ldots)$

$=8.53973$

(C) $(\ln 2)/e=(1-1/2+1/3-1/4+1/5-\ldots)/$

$(1/1+1/1+1/2+1/6+1/24+1/120+\ldots)$

$=0.25499$

---

3 피보나치 수

피보나치 수는 중세 이탈리아의 수학자 피보나치(Fibonacci)가 처음 연구했으며 자연계에서 자주 응용되고 있다. 피보나치 수는 다음과 같이 정의된다.

$$F_1=F_2=1$$

$$F_n=F_{n-1}+F_{n-2}(n>3) \qquad \text{(피보나치 수의 정의)}$$

즉, 처음 두 항만 1, 1로 시작하고 다음 항부터는 앞의 두 항을 더한 값을 갖는다. 피보나치 수를 몇 항만 나열하면

그림 9.1 황금비 φ가 적용된 자연현상들

$$1, 1, 2, 3, 5, 8, 13, 21, 34, 55, 89, \ldots$$

이며, 피보나치 수의 일반항 F_n은 다음의 관계를 갖는다.

$$F_n = (\varphi^n - (1-\varphi)^n)/\sqrt{5}$$

$$\varphi = (\sqrt{5}+1)/2 \approx 1.61803398\ldots(\text{황금비})$$

$$\lim_{n\to\infty} F_{n+1}/F_n = \varphi$$

즉, 이웃하는 두 수의 비는 황금비 φ로 수렴한다. <그림 9.1>에 나타나 있듯이 자연계의 많은 현상에서 피보나치 수들이 등장한다.

4 테일러 급수

테일러 급수(Taylor series)는 다음과 같이 정의되며 미지의 함수에 대한 해를 구하는 근사치로 매우 중요한 급수이다.

$$T_f(x) = \sum_{n=0}^{\infty} f^{(n)}(a)/n! \ \ (x-a)^n$$

$$= f(a) + f'(a)(x-a) + 1/2!f''(a)(x-a)^2 + 1/3!f'''(a)(x-a)^3 + \ldots$$

(테일러 급수의 정의)

$a=0$일 때의 테일러 급수를 메클로린 급수(Maclaurin series)라 한다. 이 경우에는

$$T_f(x) = \sum_{n=0}^{\infty} f^{(n)}(0)x^n/n!$$

$$= f(0) + f'(0)x + 1/2!f''(0)x^2 + 1/3!f'''(0)x^3 + \ldots$$

$f(x)=e^x$이고 $a=0$인 경우

$$f(x) = f'(x) = f''(x) = f^{(n)}(x) = e^x$$

이고,

$$f(0) = f'(0) = f''(0) = f^{(n)}(0) = e^0 = 1$$

이므로

$$e^x = \sum_{n=0}^{\infty} x^n/n! = 1 + x + x^2/2! + x^3/3! + \ldots$$

이다. $f(x)=\sin x$라면

$$f'(x) = \cos x, f''(x) = -\sin x, f'''(x) = -\cos x, f^{(4)}(x) = \sin x, \ldots$$

$$f(0) = 0, f'(0) = 1, f''(0) = 0, f'''(0) = -1, f^4(0) = 0\ldots$$

$$\sin x = \sum_{n=0}^{\infty} \frac{(-1)^n}{(2n+1)!} x^{2n+1} = x - \frac{x^3}{3!} + \frac{x^5}{5!} - \ldots$$

이다. <그림 9.2>는 대표적인 테일러 급수의 예로 $y=e^x$에 대해 급수의 항이 증가함에 따라 테일러 급수가 원함수에 가까워지는 것을 잘 보여준다.

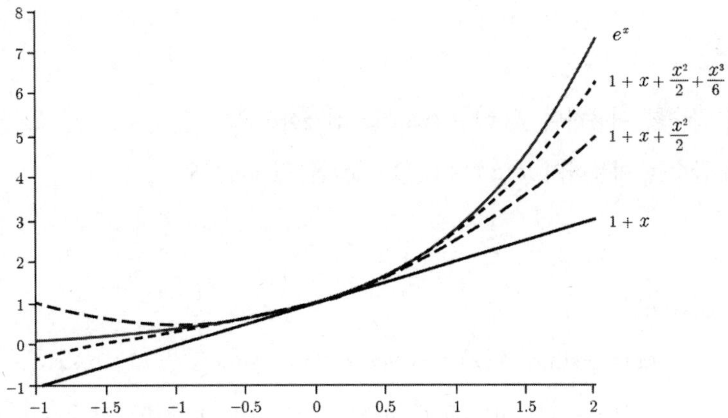

그림 9.2 $y=e^x$에 대한 테일러 급수 전개

대표적인 급수의 예가 아래에 나타나 있다.

$$\frac{1}{1-x}=\sum_{n=0}^{\infty}x^n=1+x+x^2+x^3+\ldots \quad (|x|<1)$$

$$e^x=\sum_{n=0}^{\infty}\frac{x^n}{n!}=1+x+\frac{1}{2!}x^2+\frac{1}{3!}x^2+\ldots \quad \forall x$$

$$\sin x=\sum_{n=0}^{\infty}\frac{(-1)^n}{(2n+1)!}x^{2n+1}=x-\frac{x^3}{3!}+\frac{x^5}{5!}-\ldots \quad \forall x$$

$$\cos x=\sum_{n=0}^{\infty}\frac{(-1)^n}{(2n)!}x^{2n}=1-\frac{x^2}{2!}+\frac{x^4}{4!}-\ldots \quad \forall x$$

$$\tan x=\sum_{n=0}^{\infty}\frac{B_{2n}(-1)^n2^{2n}(1-(2^{2n}))x^{2n-1}}{(2n)!}=\frac{x^1}{1}+\frac{x^3}{3}+\frac{2x^5}{15}+\frac{17x^7}{315}+\ldots \quad \left(|x|<\frac{\pi}{2}\right)$$

(단, B는 베르누이 수)

$$\ln(1-x)=-\sum_{n=1}^{\infty}\frac{x^n}{n}=-x-\frac{1}{2}x^2-\frac{1}{3}x^3-\frac{1}{4}x^4-\ldots \quad (|x|<1)$$

$$\ln(1+x)=\sum_{n=1}^{\infty}\frac{-(-1)^n}{n}x^n=x-\frac{x^2}{2}+\frac{x^3}{3}-\frac{x^4}{4}+\ldots \quad (|x|<1)$$

예제 9.3

(A) 테일러 급수를 이용하여 $f(x) = \cos x$를 전개하시오.

(B) 테일러 급수를 이용하여 $f(x) = 1/(1-x)$을 전개하시오.

≫ 해답

(A) $f(x) = \cos x$이면

$$f'(x) = -\sin x, f''(x) = -\cos x, f'''(x) = \sin x, f^{(4)}(x) = \cos x, ...$$

$$f(0) = 1, f'(0) = 0, f''(0) = -1, f'''(0) = 0, f^4(0) = 1...$$

따라서,

$$\cos x = \sum_{n=0}^{\infty} \frac{(-1)^n}{(2n)!} x^{2n} = 1 - \frac{x^2}{2!} + \frac{x^4}{4!} - ...$$

(B) $f(x) = (1-x)^{-1}, \ f(0) = 1$

$f'(x) = (1-x)^{-2}, \ f'(0) = 1$

$f''(x) = 2(1-x)^{-3}, \ f''(0) = 2$

$$\frac{1}{1-x} = \sum_{n=0}^{\infty} x^n = 1 + x + x^2 + x^3 + ... \qquad (|x| < 1)$$

5 리만제타 함수

급수 중에서 가장 유명한 급수는 리만제타 함수(Rieman zeta function)이며 다음과 같이 정의된다.

$$\zeta(s) = \sum_{n=1}^{\infty} 1/n^s = 1 + 1/2^s + 1/3^s + 1/4^s + ... \qquad \text{(리만제타 함수)}$$

(단, s: 복소수 $(a+ib)$)

먼저 실수 영역($b=0$)에 대해서만 연산해보자. $s=0$인 경우에는 $\zeta(0) = 1+1+1...$이 되어 발산한다. $s=1$에서도

$$\zeta(1) = 1 + 1/2 + 1/3 + 1/4 + \ldots = \infty \text{ (조화급수)}$$

가 되어 발산한다. 그러나 $s > 1$이면 수렴하며, 이때 리만제타 함수는 다음과 같은 관계를 갖는다.

$$\zeta(s) = \sum_{n=1}^{\infty} \frac{1}{n^s} = \frac{1}{\Gamma(s)} \int_0^{\infty} \frac{x^{s-1}}{e^x - 1} dx,$$

$$\Gamma(s) = \int_0^{\infty} x^{s-1} e^{-x} dx.$$

몇 가지 대표적인 리만제타 함수의 값들은 아래와 같다.

$$\zeta(3) = 1 + \frac{1}{2^3} + \frac{1}{3^3} + \ldots = 1.202\,056\,903\,159\,594\,285\,399\ldots$$

$$\zeta(4) = 1 + \frac{1}{2^4} + \frac{1}{3^4} + \ldots = \frac{\pi^4}{90} = 1.082\,323\,233\,711\,138\,191\,516\ldots$$

리만제타 함수의 영역을 좀 더 확대하면 다음과 같은 특이한 값들도 얻게 된다.

$$\zeta(-1) = -\frac{1}{12}$$

$$\zeta(0) = -\frac{1}{2}$$

$$\zeta\left(\frac{3}{2}\right) = 2.612\,375\,348\,685\,488\,343\,348\ldots$$

리만제타 함수는 매우 복잡한 함수의 전형적인 예이며, 수학사상 최고의 난제라 알려진 리만가설에 등장하는 함수이다. <그림 9.3>은 실수 범위에서 리만제타 함수의 그래프를 보여준다.

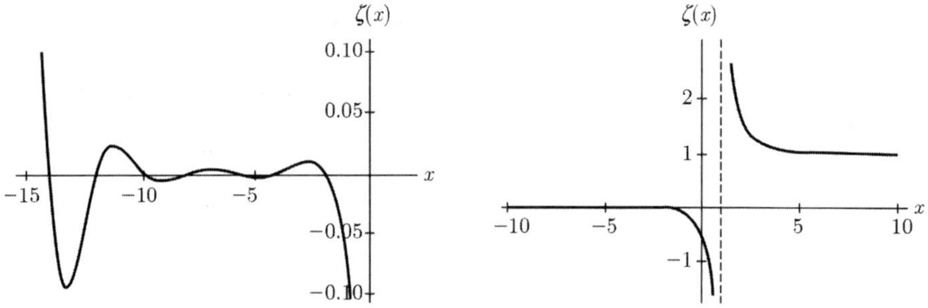

그림 9.3 실수 범위에서 리만제타 함수의 그래프

연습문제

1 다음의 합을 구하시오.

(A) $1+0.5+0.5^2+0.5^3+\ldots$

(B) $1+1+1+1+\ldots$

2 다음 함수를 테일러 급수로 나타내시오.

(A) $f(x)=\sin 2x$

(B) $f(x)=e^{-x}$

피보나치 (Leonardo Fibonacci, 1170 ~ 1250)

피보나치는 이탈리아 피사에서 태어났으며 어린 시절 아프리카 알제리에서 생활하게 되었다. 그곳에서 그는 인도-아라비아 숫자를 배웠고 이를 유럽에 소개하였다. 1202년 '계산책'을 출판하였으며, 수학과 과학을 즐겼던 신성로마제국 황제 프리드리히 2세의 초대를 받았다. 현대에서는 피보나치 수로 그의 이름이 널리 알려져 있다.

10장

복소수

1. 복소수의 정의
2. 복소수의 연산
3. 복소수함수
4. 복소수의 미분
5. 복소수의 적분

복소수는 2차 방정식 근의 공식에서 출연한 이후 자연과학, 공학의 다양한 분야에서 널리 이용되고 있다. 이번 장에서는 복소수의 사칙연산과 함수의 특성을 공부하고 더 나아가 복소수의 미분과 적분에 대해서도 공부하고자 한다.

1 복소수의 정의

복소수는 $x+iy$의 형태를 갖는 수이다. 이때, i는 허수이며 $\sqrt{-1}$을 의미한다. 즉, $i=\sqrt{-1}$이므로 $i^2=-1$이다. 복소수에서 x를 실수부(real number), y를 허수부(imaginary number)라 한다. 복소수는 기호 z로 보통 표시된다. 복소수를 평면 위에 그리면 <그림 10.1>과 같다.

복소수에서 z의 실수부는 $Re\ z$, 허수부는 $lm\ z$로 나타낸다. 그리고 복소수가 $z=x+iy$일 때, 켤레 복소수는 $x-iy$를 $\bar{z}$로 나타낸다. 복소수와 켤레 복소수 사이에는 다음의 관계가 있다.

$$(z+\bar{z})/2=x$$

복소수를 표시하는 또 하나의 방법은 거리 r과 각도 θ를 이용하여 표시하는 것으로 극형식이라 한다. $x=r\cos\theta$와 같이 표현하면 $y=r\sin\theta$의 관계가 성립한다. 이때, r은 피타고라스 정리에 의해

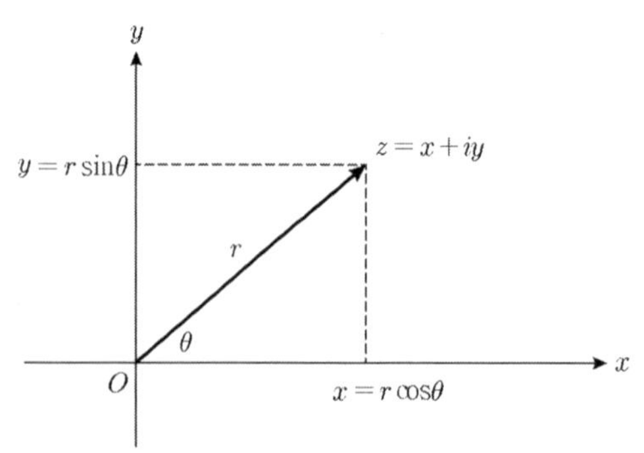

그림 10.1 복소수의 좌표

$$r = \sqrt{x^2 + y^2}$$

가 된다.

각도 θ는 보통 2가지 형식으로 표시된다. 각도를 의미할 때는 0° 또는 라디안(radian)으로 나타낸다. 각도와 라디안은 다음과 같이 변환할 수 있다.

$$\text{라디안} = \pi/180\ x°$$

예를 들어 $90°=\pi/2$, $45° = \pi/4$이다. 이때, 각도는 복소수에서 일반적으로 다음과 같이 표시된다.

$$\theta = \arg z = \arctan(y/x)$$

복소수를 표시하는 3번째 방법은 지수 형태의 $z = re^{i\theta}$으로 나타내는 방법이다. 오일러 공식에 따라 $e^{i\theta} = \cos\theta + i\sin\theta$의 관계가 성립한다. 복소수의 3가지 형식을 한꺼번에 나타내면

$$z = x + iy = r(\cos\theta + i\sin\theta) = re^{i\theta}$$

이다.

예제 10.1

다음을 극형식과 지수형식으로 나타내시오.

(A) $1 + i$

(B) i

(C) $-1 - 2i$

» 해답

(A) $r = \sqrt{1+1} = \sqrt{2}$
$\theta = 45° = \pi/4$

극형식: $z=\sqrt{2}(\cos\pi/4+i\sin\pi/4)$

지수형식: $\sqrt{2}e^{i\pi/4}$

(B) $r=\sqrt{1}=1$
$\theta=90^\circ=\pi/2$

극형식: $\cos\pi/2+i\sin\pi/2$

지수형식: $e^{i\pi/2}$

(C) $r=\sqrt{1+4}=\sqrt{5}$

$\theta=\text{arc}\tan 2=63.4+180=243.4^\circ=1.35\pi$

극형식: $\sqrt{5}(\cos 1.35\pi+i\sin 1.35\pi)$

지수형식: $\sqrt{5}e^{i1.35\pi}$

---

2 복소수의 연산

복소수에서도 실수와 마찬가지로 사칙연산이 가능하다.

$$(a+ib)+(c+id)=(a+c)+i(b+d)$$

$$(a+ib)-(c+id)=(a-c)+i(b-d)$$

즉, 복소수의 합산에서는 실수부는 실수부끼리, 허수부는 허수부끼리 계산한다.

복소수 간의 곱셈은 다음과 같다.

$$(a+ib)\times(c+ib)=(ac-bd)+i(ad-bc)$$

복소수 간의 나눗셈은 다음과 같이 계산된다.

$(a+ib)/(c+id)$의 양변에 $c-id$를 곱하면

$$\begin{aligned}(a+ib)/(c+id) &= (a+ib)(c-id)/(c+id)(c-id)\\ &= \{(ac+bd)+i(-ad+bc)\}/(c^2+d^2)\end{aligned}$$

$$(a+ib)/(c+id)=(ac+bd)/(c^2+d^2)+i(-ad+bc)/(c^2+d^2)$$

복소수 연산에서 $1/(a+ib)$의 형태가 자주 나오며 이를 $\alpha+\beta i$의 형태로 변환시키는 것을 복소수의 유리화라 한다. 이때, 분자와 분모에 각각 $(a-ib)$를 곱해주면

$$1/(a+bi)=(a-ib)/(a+bi)(a-bi)=a/(a^2+b^2)-ib/(a^2+b^2)$$

이다.

예제 10.2

다음을 구하시오.

(A) $1+2+3i$

(B) $-1-i-(3+\sqrt{3i})$

(C) $(1-i)(1+i)$

(D) $(1-i)/(1+i)$와 켤레 복소수

(E) $1/(1-i)$

» 해답

(A) $3+3i$

(B) $-4-(1+\sqrt{3})i$

(C) $1+1+(1-1)i=2$

(D) $0+(-1-1)/2i=-i$, 켤레 복소수: i

(E) $1/(1-i)=1/2+i/2$

지수형태의 복소수함수 곱은 복소수의 특징을 잘 보여준다. 이제 복수함수 $z_1 \times z_2$를 고려해보자.

$$z_1 = r_1 e^{i\theta 1}, \quad z_2 = r_2 e^{i\theta 2}$$

$$\begin{aligned} z_1 \times z_2 &= r_1 e^{i\theta 1} \times r_2 e^{i\theta 2} \\ &= r_1 r_2 e^{i(\theta 1+\theta 2)} \end{aligned}$$

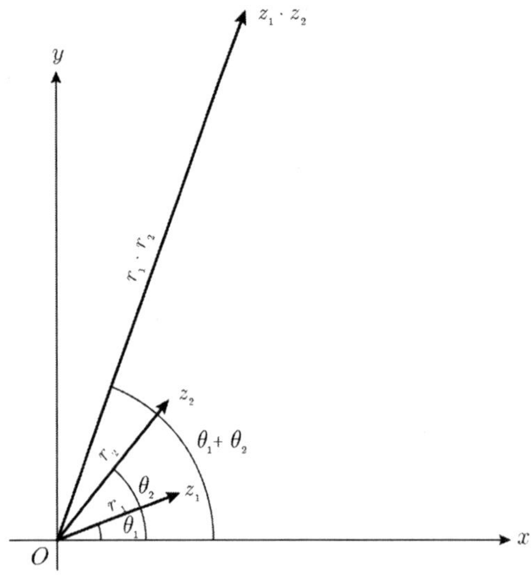

그림 10.2 복소수의 곱 $z_1 \times z_2$

앞의 식을 그래프로 나타내 보면 <그림 10.2>와 같다. 즉, 복소수의 곱은 크기는 $r_1 r_2$이고 각도는 $\theta_1 + \theta_2$가 된다. 예를 들어, $e^{\pi} \times e^{\pi}$와 같이 크기가 1인 경우에는 $e^{\pi} \times e^{\pi} = e^{\pi + \pi} = e^{2\pi}$가 되며 각도가 $\pi(180°)$에서 $\pi(180°)$가 더해져서 $\theta = \pi + \pi = 2\pi(360°)$가 된다. 이는 1장에서 배운 모듈러 연산과 매우 유사하다. 따라서 각도는 $a \pmod{2\pi}$ 또는 $a \pmod{360°}$라 할 수 있다. 이것을 좀 더 다른 각도에서 바라보면 실수는 복소수에서 각도 θ가 0°, 180°인 특별한 경우라 해석할 수 있다. 그리고 양의 수는 각도가 0°인 복소수들의 그룹이고, 음의 수는 각도가 180°인 복소수들의 그룹이라 할 수 있다.

예제 10.3

다음을 구하시오.

(A) $(1-i)(1+i)$의 크기와 각도를 구하시오.

(B) $1 \cdot i$

(C) $i \cdot i$

» 해답

(A) $1-i=\sqrt{2}\,e^{i7/4\pi}$, $1+i=\sqrt{2}\,e^{i/4\pi}$

$(1-i)(1+i)=2e^{i2\pi}$

크기: 2

각도: $2\pi(360°)$

(B) $1=e^{i0}$, $i=e^{i\pi/2}$

$1 \cdot i = e^{i\pi/2}$

크기: 1

각도: $\pi/2(90°)$

(C) $i=e^{i\pi/2}$

$i \cdot i = e^{i\pi}$

크기: 1

각도: $\pi(180°)$

---

3 복소수함수

지수함수의 복소수에 대한 관계식 중 $z=x+iy$일 때, e^z은 다음과 같이 정의된다.

$$e^z = e^x(\cos y + i\sin y)$$

예를 들어 $z=i2\pi$이면

$$e^{i2\pi} = e^0(\cos 2\pi + i\sin 2\pi) = 1$$

sin과 cos 함수는 주기가 2π인 함수이므로

$$e^{z+2\pi i} = e^z$$

이다. 복소수에서 대단히 유용한 관계식은 다음의 오일러 식이다.

$$e^{i\pi} = \cos\pi + i\sin\pi = -1$$
$$e^{i\pi} = -1$$

복소수 삼각함수는 다음과 같이 정의된다.

$$\cos z = (e^{iz} + e^{-iz})/2$$
$$\sin z = (e^{iz} - e^{-iz})/2i$$

실수부에서 적용되는 삼각함수의 공식들이 복소수에서도 동일하게 적용된다.

$$\sin(-z) = -\sin z$$
$$\cos(-z) = \cos z$$
$$e^{iz} = \cos z + i\sin z$$
$$e^{-iz} = \cos(-z) + i\sin(-z) = \cos z - i\sin z$$

따라서 다음의 관계가 성립한다.

$$\cos(z_1 + z_2) = \cos z_1 \cos z_2 - \sin z_1 \sin z_2$$
$$\cos(z_1 - z_2) = \cos z_1 \cos z_2 + \sin z_1 \sin z_2$$
$$\sin(z_1 + z_2) = \sin z_1 \cos z_2 + \sin z_2 \cos z_1$$
$$\sin(z_1 - z_2) = \sin z_1 \cos z_2 - \sin z_2 \cos z_1$$
$$\cosh z = (e^{z} + e^{-z})/2$$
$$\sinh z = (e^{z} - e^{-z})/2$$

로그함수도 복소수에서 정의된다. $z = re^{i\theta}$이므로

$$\begin{aligned}\ln z &= \ln(re^{i\theta}) \\ &= \ln r + \ln e^{i\theta} \\ &= \ln r + i\theta\end{aligned}$$

실수 영역에서는 $\ln(-1)$은 정의되지 않지만 복소수에서는 $\ln(-1)$도 충분히 존재한다. 예를 들어 이 값을 구해보면

$$-1 = 1e^{i\pi}(\text{크기 } 1,\ \text{각도 } \pi(180^\circ))$$

$$\ln(-1) = \ln(1e^{i\pi}) = \ln 1 + \ln e^{i\pi} = i\pi$$

또한, $\theta = \pi, 3\pi, 5\pi$도 동일한 각도를 가지므로

$$\ln(-1) = i(\pi + 2n\pi)$$

이다.

복소수의 지수곱에 대해서 다음식도 성립한다.

$$z^n = (re^{i\pi})^n = r^n e^{i\pi n} = r^n(\cos\pi n + i\sin\pi n)$$

$$z^{1/n} = (re^{i\pi})^{1/n} = r^{1/n}e^{i\pi/n} = r^{1/n}\{\cos((\pi + 2\pi k)/n) + i\sin((\pi + 2\pi k)/n)\}$$

예제 10.4

다음을 구하시오.

(A) $e^{3\pi i}$

(B) $\sin i$

(C) $\cos(1+i)$

(D) $\ln(1+i)$

(E) i

(F) $\ln i$

(G) $(1+i)^{-i}$

(H) $\sqrt{(1-i)}$

(I) $(1+i)^5$

(J) i^i

(K) $\sin 0$

(L) $\cos 0$

(M) $\cosh 0$

» 해답

(A) $e^{3\pi i} = e^{\pi i + 2\pi i} = e^{\pi i} = \cos\pi + i\sin\pi = -1$

(B) $\sin i = (e^{ii} - e^{-ii})/2i = (e^{-1} - e)/2i = -(e^{-1} - e)i/2$

(C) $\cos(1+i) = (e^{i(1+i)} + e^{-i(1+i)})/2 = (e^{i-1} + e^{-i+1})/2$

(D) $\ln(1+i) = \ln(\sqrt{2}e^{i\pi/4}) = \ln(\sqrt{2}) + i\pi/4$

(E) $i = e^{\pi i/2}$

(F) $\ln i = \ln e^{i\pi/2} = i\pi/2$

(G) $(1+i)^{-i} = e^{-i\ln(1+i)} = e^{-i(\ln(\sqrt{2}) + i\pi/4)} = e^{\pi/4}(\sqrt{2})^{-i}$

(H) $(1-i)^{1/2} = (\sqrt{2})^{1/2}e^{i7\pi/8} = (2)^{1/4}e^{i7\pi/8}$

(I) $(1+i)^5 = (\sqrt{2})^5 e^{i5\pi/4} = 2^{5/2}e^{i5\pi/4}$

(J) $i^i = x$라면 놓으면 $\ln(i^i) = \ln x$

$\ln(i^i) = i\ln i = i\ln(e^{i\pi 1/2}) = i^2\pi/2 = -\pi/2$

$\ln x = -\pi/2$

$x = e^{-\pi/2} \sim 0.2078$

(K) $(e^0 - e^0)/2i = 0$

(L) $(e^0 + e^0)/2 = 1$

(M) $(e^0 + e^0)/2 = 1$

---

4 복소수의 미분

복소수에 대한 미분은 실수함수와 동일하게 적용된다. 복소수에서 미분의 정의는 다음과 같다.

$$\lim_{z \to a}\{f(z) - f(a)\}/(z-a) \qquad \text{(복소수의 미분)}$$

복소수함수 f가 $f(x, y) = u(x, y) + iv(x, y)$이면

$$\text{실수축 편미분 } \partial f/\partial y = \partial u/\partial x + i\,\partial v(x, y)/\partial x$$

$$\text{허수축 편미분 } \partial f/i\,\partial y = \partial u/i\,\partial y + i\,\partial v(x, y)/i\,\partial y$$

$$= \partial v(x, y)/\partial y - i\,\partial u/\partial y$$

복소수함수의 미분에 대한 중요한 공식은 다음과 같다.

$$f(z) = e^z, f'(z) = e^z$$

$$f(z) = z^n,\ f'(z) = nz^{n-1}$$

$$f(z) = \sin z,\ f'(z) = \cos z$$

$$f(z) = \cos z,\ f'(z) = -\sin z$$

$$f(z) = \sinh z,\ f'(z) = \cosh z$$

$$f(z) = \cosh z,\ f'(z) = \sinh z$$

$$f(z) = \ln z, f'(z) = 1/z$$

예제 10.5

다음 복소수함수를 미분하시오.

(A) $f = z^2$

(B) $f = \sin z - \cos z$

(C) $f = e^{-2z} + 3\ln z$

» 해답

(A) $f' = 2z$

(B) $f' = \cos z + \sin z$

(C) $f' = -2e^{-2z} + 3/z$

5 복소수의 적분

복소수의 적분은 응용학문에서 자주 나타나며 특히 신호변환, 푸리에 변환에서 필수적으로 사용된다. 복소수 또한 적분이 가능하며 실수 영역의 함수들에 적용되는 공식들이 대부분 동일하게 적용된다. 즉, $z=x+iy$이면 $dz=dx+idy$이다. 자주 사용되는 공식은 다음과 같다.

$$\int z\,dz = z^2/2$$

$$\int z^n\,dz = z^{n+1}/(n+1)$$

$$\int e^z\,dz = e^z$$

$$\int \sin z\,dz = -\cos z$$

$$\int \cos z\,dz = \sin z$$

$$\int \ln z\,dz = 1/z$$

아래 그림과 같이 복소수 평면에서 0과 $3+4i$를 따라 직선에 대해 적분을 해보자.

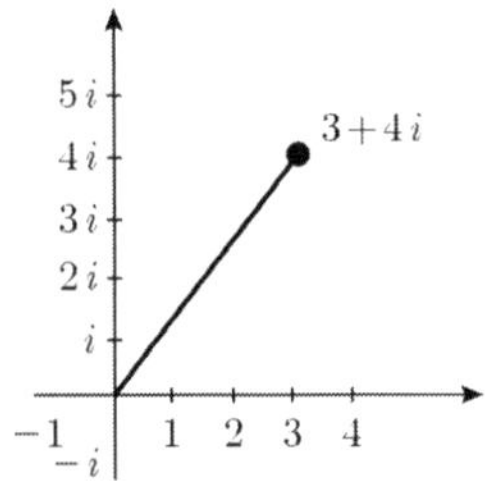

$$\int 4/3z\,dz = 4/3\,z^2/2 = 2z^2/3$$

복소수의 적분구간이 0~$3+4i$라면

$$\int_0^{3+4i} 4/3z\;dz = 2/3[z^2]_0^{3+4i}$$

$$= 2/3(3+4i)^2$$

$$= 2/3(9-16+24i)$$

$$=-14/3+16i$$

복소수의 선적분에서는 $\int_a^b f(t)\,dt = -\int_b^a f(t)\,dt$의 관계가 성립한다.

예제 10.6

다음을 적분하시오.

(A) $\int e^x\,dz$ (구간 $0 \sim (1+i)$)

(B) $\int \cos z\,dz$ (구간 $0 \sim (2+2i)$)

(C) $\int 3/z\,dz$, (구간 $0 \le t \le \pi$)

(D) $\int (\sin z - \cos 2z)\,dz$, (구간 $-\pi \le t \le \pi$)

» 해답

(A) $\int_0^{1+i} e^z\,dz = [e^z]_0^{1+i}$

$$= e^{1+i} - 1$$

(B) $[\sin z]_0^{2+2i} = \sin(2+2i)$

(C) $z = re^{it}$

$1/z = r^{-1}e^{-it}$

$dz = ire^{it}\,dt$를 적분식에 대입하면

$\int 3/z\,dz \ = \ 3\int r^{-1}e^{-it}ire^{it}\,dt = 3\int i\,dt = 3[it]_0^{\pi} = 3\pi i$

(D) $\int_{-\pi}^{\pi}(\sin z - \cos z)\,dz = [-\cos z - \sin z]_{-\pi}^{\pi}$

$$= (-\cos\pi - \sin\pi) - \{(-\cos(-\pi) - \sin(-\pi))\}$$

$$= (-\cos\pi - \sin\pi) + \cos\pi - \sin\pi$$

$$= -2\sin\pi$$

$$= 0$$

연습문제

1 다음을 극형식과 지수형식으로 나타내시오.

(A) 1

(B) $1-i$

(C) $1+5i$

2 다음을 구하시오.

(A) $1-(1-i)$

(B) $2i(1+i)$

(C) $(1+i)^2$

(D) $(1-i)/(2-i)$

(E) $1/(1+i)$

3 다음의 크기와 각도를 구하시오.

(A) 2

(B) $(-i)\cdot(1+i)$

(C) $1/i$

4 다음을 구하시오.

(A) $e^{2\pi i}$

(B) $\sin(-i)$

(C) $\cos(-i)$

(D) $\ln(1-i)$

(E) $-i$

(F) $\ln(-1)$

(G) $\ln 1$

(H) $\sqrt{i}$

5 다음을 미분하시오.

(A) $f = z^3 - e^{-z} + \sin 2z - 3\cos z + 7$

(B) $f = \cosh z - \sinh z + 2\ln z$

6 다음을 적분하시오.

(A) $\int e^{-z} dz$(단, 구간 $0 \sim i$)

(B) $\int_0^{2\pi} (\sin z + \cos z)\, dz$

리만가설은 수학 역사상 가장 어려운 문제로 손꼽히는 난제 중의 난제이다. 리만가설은 소수의 수를 계산하는 과정에서 탄생하였다. 소수란 자연수 중에서 1과 자신으로만 나눌 수 있는 수를 말한다. 소수를 순서대로 나열해 보면 2, 3, 5, 7, 11, 13, 17, 19, 23, 29, 31, …이 된다. 소수에 대해서는 고대 그리스 이후 수많은 수학자가 연구를 해왔으며 지금도 여전히 연구 중에 있다. 소수에 대한 문제 중에 특정 수 이하의 소수의 개수를 구하는 문제도 많이들 연구했으며 이를 소수계량함수 $\pi(x)$라 한다. 이때, $\pi(x)$는 우리가 아는 원의 지름에 나오는 3.1415… 와는 아무 관련이 없다. 리만의 스승 가우스도 이 문제에 도전하여 $\pi(x)$ 값을 구하는 대략적인 공식을 다음과 같이 얻었다.

$$\lim_{x \to \infty} \frac{\pi(x)}{x/\ln(x)} = 1$$

리만(Georg Friedrich Bernhard Riemann, 1826~1866)도 이 문제에 도전하여 보다 진보한 방정식을 얻었고 이 과정에서

$$\xi(s) = \sum_{n=1}^{\infty} 1/n = 1 + 1/2^{\xi} + 1/3^{\xi} + 1/4^{\xi} + \ldots = 0, \quad s = a + bi(\text{복소수})$$

의 방정식에 대한 해 s를 복소수의 형식으로 구해야 하는 문제에 부딪혔다. 몇 가지 간단한 계산을 해보니 $s = 1/2 + ib$ 형태가 나와서 이 복소수의 해는 $s = 1/2 + ib$라 가정하고 계산을 진행하였다. 이것이 그 유명한 리만가설이다. 이후 시간이 지남에 따라 이 문제는 소수와 관련하여 매우 중요한 의미를 지닌다는 것을 알게 되었고 약 100년 동안 수많은 수학자들의 도전을 받았으나, 아직 해결하지 못한 문제이다. 컴퓨터로 계산해본 결과 실수부가 $\sim 10^{13}$까지는 해 $s = 1/2 + ib$가 나와서 이 가설이 참이라고 생각하는 수학자들이 많이 있으나, 꼭 그렇지도 않다고 생각하는 수학자들도 상당히 있다고 한다.

11장

라플라스 변환

1. 라플라스 변환
2. 역변환
3. 상미분방정식
4. 연립 상미분방정식

라플라스 변환은 미분방정식 풀이에 특히 유용하다. 또한 상미분방정식을 라플라스 변환하면 대수방정식으로 전환되어 풀이가 용이해진다.

1 라플라스 변환

라플라스 변환(Laplace Transform)은 다음과 같이 정의된다.

$$F(s) = L(f) = \int_0^\infty e^{-st} f(t)\,dt \qquad \text{(라플라스 변환의 정의)}$$

예를 들어 $f(t) = 1$이라면

$$F(s) = \int_0^\infty e^{-st}\,dt = [e^{-st}/-s]_0^\infty = 1/s$$

이고 $f(t) = t$이면

$$\int f(x)g'(x)dx = f(x)g(x) - \int f'(x)g(x)\,dx$$

이고

$$\begin{aligned} F(s) &= \int_0^\infty te^{-st}\,dt = [te^{-st}/-s]_0^\infty - \int_0^\infty e^{-st}/(-s)\,dt \\ &= 1/s^2 \end{aligned}$$

이 도출된다. 위의 과정을 일반화하면 $f(t) = t^n$일 때,

$$F(s) = n!/s^{n+1}$$

임을 알 수 있다. 즉, 라플라스 변환은 $f(t)$, 즉 t의 함수를 s의 함수로 그 영역을 변환시킨다. 이에 따라 미분방정식 등의 수식을 단순화하는 데 매우 효과적이다. 그리고 지수함수에 대해서는

$$f(t) = e^{-at}$$

이면

$$F(s) = \int_0^\infty e^{-st} e^{-at} dt = \int_0^\infty e^{-(s+a)t} dt$$
$$= [-e^{-(s+a)t}/(s+a)]_0^\infty = 1/(s+a)$$

이다. 만약 $f(t) = \sin \omega t$ 이면 적분표로부터 다음의 성질을 이용하여

$$\int_0^\infty e^{-ax} \sin bx \, dx = \frac{b}{a^2 + b^2} \quad (a > 0)$$
$$F(s) = \int_0^\infty e^{-st} \sin \omega t \, dt = \omega / (s^2 + \omega^2)$$

이 된다. $f(t) = \cos \omega t$ 이면 역시 적분표를 이용하여

$$F(s) = \int_0^\infty e^{-st} \cos \omega t \, dt = s / (s^2 + \omega^2)$$

이 된다.

주요함수에 대한 라플라스 변환의 값들이 <표 11.1>에 나타나 있다.

라플라스 변환은 다음과 같은 선형성을 띤다.

$$\mathcal{L}\{af(t) + bg(t)\} = a\,\mathcal{L}\{f(t)\} + b\,\mathcal{L}\{g(t)\}$$

라플라스 변환의 가장 큰 장점은 미분(도함수)을 대수식으로 바꾸는 데 있다.

$$\mathcal{L}\{f'\} = s\,\mathcal{L}\{f\} - f(0)$$

위 식에서 $f(0)$의 의미는 $t = 0$일 때의 $f(t)$ 값을 의미하며 흔히 초기조건이라 한다. 라플라스 변환은 일차 도함수뿐만 아니라 n차 도함수에 대해서도 간단한 공식으로 표현된다.

$$\mathcal{L}\{f''\} = s^2\,\mathcal{L}\{f\} - sf(0) - f'(0)$$

표 11.1 주요 함수에 대한 라플라스 변환

주요 함수	
변환 전	변환 후
$f(t)$	$F(s)$
$\delta(t)$	1
$u(t)$	s^{-1}
$tu(t)$	s^{-2}
$t^n u(t)$	$\frac{n!}{s^{n+1}}$
$e^{-at}u(t)$	$\frac{1}{s+a}$
$f(t)=\sin(\omega t)u(t)$	$F(s)=\frac{\omega}{s^2+\omega^2}$
$f(t)=\cos(\omega t)u(t)$	$F(s)=\frac{s}{s^2+\omega^2}$
$f(t)=e^{-at}\sin(\omega t)u(t)$	$F(s)=\frac{\omega}{(s+a)^2+\omega^2}$
$f(t)=e^{-at}\cos(\omega t)u(t)$	$F(s)=\frac{s+a}{(s+a)^2+\omega^2}$
$f(t)=\sinh(\omega t)u(t)$	$F(s)=\frac{\omega}{s^2-\omega^2}$
$f(t)=\cosh(\omega t)u(t)$	$F(s)=\frac{s}{s^2-\omega^2}$

$$\mathscr{L}\{f^{(n)}\}=s^n\mathscr{L}\{f\}-s^{n-1}f(0)-\ldots-f^{(n-1)}(0)$$

위 식에서 $f'(0)$의 의미는 $t=0$일 때, $f(t)$의 일차도함수 값을 의미한다. 마찬가지로 $f^{(n-1)}(0)$는 $f(t)$의 $n-1$차 도함수에서 $t=0$의 값이다. 이 공식을 이용하면 n차 도함수는 단지 s^n과 같은 지수함수로 변환된다. 라플라스 변환은 특히 초기조건을 알고 있는 경우에 매우 유용하게 사용된다. 그 외 자주 사용되는 라플라스 변환의 공식들은 다음과 같다.

$$\mathscr{L}\{tf(t)\}=-F'(s)$$

$$\mathscr{L}\{t^n f(t)\}=(-1)^n F^{(n)}(s)$$

$$\mathcal{L}\left\{\frac{f(t)}{t}\right\}=\int_s^{\infty} F(\sigma)\,d\sigma$$

함수 $f(t)$에 대한 적분의 라플라스 변환은 다음과 같이 매우 간단히 표현된다.

$$\mathcal{L}\left\{\int_0^t f(\tau)\,d\tau\right\}=\mathcal{L}\{u(t)*f(t)\}=\frac{1}{s}F(s)$$

함수 t가 $t-a$로 치환되었을 때, 라플라스 변환은 다음식으로 나타난다. 이 식들은 시간의 변환에서 자주 이용된다.

$$\mathcal{L}\{f(t-a)u(t-a)\}=e^{-as}F(s)$$

그리고 $f(t)e^{at}$에 대한 라플라스 변환은 다음과 같이 매우 간단히 된다.

$$\mathcal{L}\{e^{at}f(t)\}=F(s-a)$$

예제 11.1

다음 함수의 라플라스 변환값을 구하시오.

(A) $e^{-2t}-5t^2$

(B) $\sin 2t+\cos 3t$

(C) t^2e^{3t}

(D) $e^{-2t}\sin 4t$

(E) $2f'-3tf-5=0$

(F) $f''+2f'-f=3$

≫ 해답

(A) $1/(s+2)-10/s^3$

(B) $2/(s^2+4)+s/(s^2+9)$

(C) $\mathcal{L}\{t^2\}=2/s^3$이므로 $\mathcal{L}\{t^2e^{3t}\}=2/(s-3)^3$

(D) $\mathcal{L}\{\sin 4t\}=4/(s^2+16)$이므로

$$\mathcal{L}(e^{-2t}\sin 4t) = 4/\{(s+2)^2+16\} = 4/(s^2+4s+20)$$

(E) $2sF - 2f(0) + 3F' - 5/s = 0$

(F) $s^2F - sf(0) - f'(0) + 2sF - 2f(0) - F = 3/s$

라플라스 변환에서는 $\mathcal{L}\{f \cdot g\} \neq \mathcal{L}(f) \cdot \mathcal{L}(g)$이다. 간단한 예를 들어보면 $f = e^t$, $g = 1$인 경우

$$\mathcal{L}(e^t) = 1/(s-1),\ \mathcal{L}(1) = 1/s$$

이므로

$$\mathcal{L}\{f \cdot g\} = \mathcal{L}\{e^t \cdot 1\} = 1/(s-1)$$

이다. 반면에

$$\mathcal{L}(f) \cdot \mathcal{L}(g) = 1/(s-1) \cdot 1/s$$

이므로

$$\mathcal{L}\{f \cdot g\} \neq \mathcal{L}(f) \cdot \mathcal{L}(g)$$

이다.

2 역변환

함수 $f(t)$를 라플라스 변환하여 $F(s)$의 관계식으로 만든 뒤 최종적으로 다시 $f(t)$의 함수로 역변환 과정을 거치는 경우가 매우 많다. 이때, 역변환은

$$f(t) = \frac{1}{2\pi i}\int_{a-i\infty}^{a+i\infty} F(s)e^{st}\,ds,\quad i = \sqrt{-1}$$

과 같이 정의된다. 위 식은 매우 복잡해 보이지만, 역변환 시에는 위의 식을 사용하기 보다는 앞의 <표 11.1>을 이용하여 역변환을 연산하는 것이 훨씬 편리하다. 역변환의 표기는 $\mathscr{L}^{-1}$로 표시된다. 역변환 공식에 복소수가 포함된 것을 알 수 있다. 예를 들어 $F(s)=1/(s+2)$이라면 이에 대한 역변환 $f(t)$는 $f(t)=e^{-2t}$이다.

또 다른 예로 $F(s)=2/s^3$이라면 라플라스 변환표에 따라 $f(t)=t^2$이 된다.

라플라스 역변환 역시 선형성이 있고 다음과 같다.

$$\mathscr{L}^{-1}\{aF_1(s)+bF_2(s)\}=a\,\mathscr{L}^{-1}\{F_1(s)\}+b\,\mathscr{L}^{-1}\{F_2(s)\}=af_1+bf_2$$

또한 다음의 성질도 자주 사용된다.

$\mathscr{L}^{-1}\{F(s)\}=f(t)$라면

$$\mathscr{L}^{-1}\{F(s-a)\}=e^{at}f(t)$$

$$\mathscr{L}^{-1}\{e^{-as}F(s)\}=\begin{cases} f(t-a) & t>a \\ 0 & t<a \end{cases}$$

$$\mathscr{L}^{-1}\{F/s\}=\int_0^t f(u)\,du$$

이다.

예제 11.2

다음의 함수에 대해 라플라스 역변환을 구하시오.

(A) $1/(s-3)+1/s^3$

(B) $3/(s^2+1)-s/(s^2+4)$

(C) $4/(s^2+4s+20)$

(D) $1/(s-2)^4$

(E) $(3s+1)/\{(s-1)(s^2+1)\}$

» 해답

(A) $e^{3t}+t^2/2$

(B) $3\sin t-\cos 2t$

(C) $4/(s^2+4s+20)=4/\{(s+2)^2+16\}$이므로 $e^{-2t}\sin 4t$

(D) $e^{2t}t^3/6$

(E) $(3s+1)/\{(s-1)(s^2+1)\}=2/(s-1)+(-2s+1)/(s^2+1)$

$\mathcal{L}^{-1}[(3s+1)/(s-1)(s^2+1)]=2e^t-2\cos t+\sin t$

라플라스 변환에서 매우 유용하게 사용되는 공식으로 합성곱(convolution)이 있다. 합성곱은 다음과 같이 정의된다.

$$(f*g)(t)=\int_0^t f(\tau)g(t-\tau)d\tau$$

$$\mathcal{L}\{f*g\}=\mathcal{L}(f)\cdot\mathcal{L}(g)$$

단, 위 식에서 * 는 곱셈(•)과는 전혀 다른 의미이다.

합성곱은 역변환에서도 적용된다.

$$f*g=\mathcal{L}^{-1}\{\mathcal{L}\{f*g\}\}=\mathcal{L}^{-1}\{\mathcal{L}(f)\cdot\mathcal{L}(g)\}$$

이 결과는 미분방정식의 풀이에서 역변환에 특히 유용하게 사용된다. 예를 들어보면 $f(t)=e^{at}$, $g(t)=1$인 경우

$$\mathcal{L}(f)=1/(s-a),\ \mathcal{L}(g)=1/s$$

$$(f*g)(t)=\int_0^t e^{a\tau}1\,d\tau=1/a(e^{a\tau}-1)$$

이며, 이 식을 라플라스 변환하면 다음과 같다.

$$\begin{aligned}\mathcal{L}\{f*g\}&=\mathcal{L}\{1/a(e^{at}-1)\}\\&=1/a(1/(s-a)-1/s)\\&=1/(s-a)\cdot 1/s\\&=\mathcal{L}(f)\cdot\mathcal{L}(g)\end{aligned}$$

예제 11.3

다음을 구하시오.

(A) $f = t^3$, $g = t$, $(f*g)(t)$

(B) $f = t$, $g = e^{-t}$, $(f*g)(t)$

(C) $1/(s^2+1) \cdot s/(s^2+1)$를 역변환하시오.

» 해답

(A) $(f*g)(t) = \int_0^t \tau^3(t-\tau)\,d\tau$

$= \int_0^t \tau^3 t\,d\tau - \int_0^t \tau^4 d\tau$

$= t^5/4 - t^5/5$

$= 1/20t^5$

(B) $(f*g)(t) = \int_0^t \tau e^{-(t-\tau)} d\tau$

$= [\tau e^{-(t-\tau)}]_0^t - \int_0^t e^{-(t-\tau)} d\tau$

$= [\tau e^{-(t-\tau)} - e^{-(t-\tau)}]_0^t$

$= t - 1 + e^{-t}$

(C) $\mathcal{L}^{-1}\{1/(s^2+1)\} = \sin t$, $\mathcal{L}^{-1}\{s/(s^2+1)\} = \cos t$

$\mathcal{L}^{-1}\{\mathcal{L}(f) \cdot \mathcal{L}(g)\} = \mathcal{L}^{-1}\{\mathcal{L}(f*g)\} = (f*g)(t)$

$\mathcal{L}^{-1}\{1/(s^2+1) \cdot s/(s^2+1)\} = \int_0^\infty \sin\tau \cdot \cos(t-\tau)\,d\tau$

3 상미분방정식

라플라스 변환을 이용하여 미분방정식의 해를 구하는 과정은 다음과 같다.

미분방정식 $\Rightarrow$ 라플라스 변환 $\Rightarrow$ $F(s)$로 정리 $\Rightarrow$ 라플라스 역변환 $\Rightarrow$ $f(t)$

예제 11.4

다음 미분방정식의 해를 구하시오.

(A) $f' - 3f = e^{-t}$, $f(0) = 1$

(B) $f'' + f = 1$, $f(0) = 1$, $f'(0) = -1$

(C) $f'' + 2f = \sin 2t$, $f(0) = 0$, $f'(0) = 0$

» 해답

(A) 미분방정식을 라플라스 변환하면

$sF - 1 - 3F = 1/(s+1)$

$F = \{1 + 1/(s+1)\}/(s-3)$

$= 1/(s-3) + 1/(s+1)(s-3)$

즉, $1/(s+1)(s-3) = -1/4(s+1) + 1/4(s-3)$이므로

$F = 5/4(s-3) - 1/4(s+1)$을 라플라스 역변환을 하면 $f(t) = 5/4\, e^{3t} - 1/4\, e^{-t}$이다.

(B) 미분방정식을 라플라스 변환하면

$s^2F - s + 1 + F = 1/s$

$F = \{1/s + s - 1\}/(s^2+1) = 1/s(s^2+1) + s/(s^2+1) - 1/(s^2+1)$

$= 1/s - s/(s^2+1) + s/(s^2+1) - 1/(s^2+1)$

$= 1/s - 1/(s^2+1)$

라플라스 역변환을 하면 $f(t) = 1 - \sin t$이다.

(C) 미분방정식을 라플라스 변환하면

$s^2F + 2F = 2/(s^2+4)$

$F = 2/\{(s^2+4)(s^2+2)\}$

$= -1/(s^2+4) + 1/(s^2+2)$

를 라플라스 역변환을 하면

$f(t) = -1/2 \sin 2t + 1/\sqrt{2} \sin \sqrt{2}\, t$이다.

4 연립 상미분방정식

미분방정식이 연립으로 존재할 경우에도 라플라스 변환을 적용하면 연립 상미분방정식으로 전환되고, 행렬식의 공식을 이용하면 해를 구할 수 있다.

예제 11.5

다음 연립미분방정식의 해를 구하시오.

(A) $dx/dt = 2x - 3y$

$dy/dt = -2x + y$

$x(0) = 1, y(0) = -1$

(B) $x'' + y' = 0$

$y'' - 4x' = 2$

$x(0) = 0, x'(0) = 0, y(0) = 0, y'(0) = 0$

» 해답

(A) 라플라스 변환을 하고 $\mathscr{L}\{x\} = X$, $\mathscr{L}\{y\} = Y$라 하면

$$sX - 1 = 2X - 3Y$$

$$sY + 1 = -2X + Y$$

이고 정리하면

$$(s-2)X + 3Y = 1$$

$$2X + (s-1)Y = -1$$

$$X = \frac{\begin{vmatrix} 1 & 3 \\ -1 & s-1 \end{vmatrix}}{\begin{vmatrix} s-2 & 3 \\ 2 & s-1 \end{vmatrix}} = (s+2)/\{(s-2)(s-1)-6\}$$

$$= (s+2)/(s^2-3s-4) = -1/5(s+1) + (6/5)(s-4)$$

이다. 이때, 라플라스 역변환을 실시하면

$$x = -1/5e^{-t} + 6/5e^{4t}$$

$$Y=\frac{\begin{vmatrix} s-2 & 1 \\ 2 & -1 \end{vmatrix}}{\begin{vmatrix} s-2 & 3 \\ 2 & s-1 \end{vmatrix}}=-s/\{(s-2)(s-1)-6\}$$

$$=-s/(s^2-3s-4)=-1/5(s+1)-4/5(s-4)$$

이다. 이때, 라플라스 역변환을 실시하면 $y=-1/5e^{-t}-4/5e^{4t}$이 된다.

(B) 라플라스 변환을 하고 $\mathcal{L}\{x\}=X$, $\mathcal{L}\{y\}=Y$라 하면

$$s^2X+sY=0$$

$$s^2Y-4sX=2/s$$

이다. 정리하면

$$s^2X+sY=0,$$

$$-4sX+s^2Y=2/s$$

$$X=\frac{\begin{vmatrix} 0 & s \\ 2/s & s2 \end{vmatrix}}{\begin{vmatrix} s2 & s \\ -4s & s2 \end{vmatrix}}=-2/(s^4+4s^2)$$

이고, 인수분해를 하면

$$1/s^2(s^2+4)=1/4s^2-1/4(s^2+4)$$

$$X=-2/(s^4+4s^2)=-1/2s^2+1/2(s^2+4)$$

이며, 라플라스 역변환을 하면

$$x=-1/2t+1/4\sin 2t$$

$$Y=\frac{\begin{vmatrix} s2 & 0 \\ -4s & 2/s \end{vmatrix}}{\begin{vmatrix} s2 & s \\ -4s & s2 \end{vmatrix}}=2s/(s^4+4s^2)=2/(s^3+4s)=(2/s)\{1/(s^2+4)\}$$

이다. y는 다소 복잡한데 다음식으로 구할 수 있다.

$$\mathcal{L}^{-1}\{F/s\}=\int_0^t f(u)\,du$$

이므로

$$\mathcal{L}^{-1}\{1/(s^2+4)\}=1/2\sin 2t$$

$$\mathcal{L}^{-1}\{1/s(s^2+4)\}=\int_0^t 1/2\sin 2u\,du=1/4[-\cos 2u]_0^t=-1/4\cos 2t+1/4$$

$$y=-1/2\cos 2t+1/2$$

이다.

연습문제

1 다음 함수의 라플라스 변환값을 구하시오.

(A) $e^t - e^{-t}$

(B) $\sin t - 2\cos t$

(C) $e^{-2t}(\sin t - 2\cos t)$

(D) $\sin(t-1) - 2\cos(t-1),\ t > 1$

2 다음의 함수에 대해 라플라스 역변환을 구하시오.

(A) $1/(s-1) + 1/s^2$

(B) $1/(s^2+1) - s/(s^2+2)$

(C) $1/((s-1)^2+1) - (s+1)/((s+1)^2+2)$

(D) $1/(s^2-4) - s/(s^2-2)$

3 다음 미분방정식의 해를 구하시오.

(A) $f' - 2f = 2,\ f(0) = 1$

(B) $f'' + f' - 2f = 0,\ y(0) = 1, y'(0) = 1$

(C) $f'' + f = t,\ y(0) = 0,\ y'(0) = 0$

4 다음 연립미분방정식의 해를 구하시오.

$dx/dt = x - y$

$dy/dt = -2x + y$

$x(0) = 1, y(0) = -1$

라플라스 (Pierre-Simon, marquis de Laplace, 1749 ~ 1827)

라플라스는 프랑스를 대표하는 수학자 중 한 사람이다. 그는 노르망디 보뭉앙오주에서 농업에 종사하는 가난한 가정에서 태어났지만, 수학에 대한 열정에 감동한 이웃의 도움으로 16세에 캉 대학에 입학하였다. 처음에는 카톨릭 신학을 공부하려던 라플라스는 곧 수학으로 관심을 돌렸다. 졸업 후 스승의 소개로 파리군관학교의 교수가 되었고, 이어 1773년 프랑스 과학 아카데미의 회원이 되었다. 라플라스는 정치에도 관심을 기울여서 나폴레옹은 그를 내무부장관으로 임명하였지만, 곧 행정에 대한 무능이 드러나 나폴레옹은 그를 곧바로 해고하였다.

라플라스는 천체역학, 확률론 해석 등의 명저를 남겼으며 오늘날에는 라플라스 변환으로 수학 역사에 자신의 이름을 뚜렷이 새기고 있다. 복잡한 미분방정식의 풀이법으로 라플라스 변환은 가장 쉬우면서도 명확한 해법을 제공하여 공업수학 등에서 널리 활용되고 있다. 수학 분야에서는 이외에도 구면조화함수, 퍼텐셜 이론 등에서도 큰 기여를 하였다.

12장

화학반응속도식

1. 화학반응의 종류
2. 정반응의 화학반응속도
3. 정반응과 역반응이 있는 화학반응속도식
4. 연쇄반응속도식
5. 효소반응속도식

이번 장에서는 실제 화학 및 효소반응에서 자주 나타나는 화학반응속도식에 관해 공부할 것이다. 화학반응속도식은 대부분 상미분방정식의 형태로 나타난다.

1 화학반응의 종류

화학반응에서 한쪽 반응만 있는 것을 정반응이라 한다. 이러한 형태의 화학반응의 예가 다음과 같은 메탄의 연소이다.

$$CH_4 + 2O_2 \;\rightarrow\; CO_2 + 2H_2O$$

반면 화학반응에 따라 정반응과 역반응이 같이 존재하는 경우도 있다. 다음과 같은 암모니아 생성반응이 이러한 정반응과 역반응이 동시에 존재하는 예시 중 하나이다.

$$N_2(g) + 3H_2(g) \;\rightleftharpoons\; 2NH_3(g)$$

시간이 오래 경과하면 더 이상 농도가 변화되지 않는 평형농도가 존재한다.

인간을 포함한 생명체의 내부에서 일어나는 화학반응의 대부분은 이와 같은 연쇄반응의 형태를 띤다.

$$A \rightarrow B \rightarrow C \rightarrow D \rightarrow \ldots$$

이러한 연쇄반응의 한 가지 예로서 자외선으로부터 생명체를 보호하는 멜라닌(melanin) 합성반응이 <그림 12.1>에 나타나 있다.

또한, 상황에 따라서는 다음과 같은 다수의 경로를 가진 화학반응이 발생할 수도 있다. 멜라닌 합성반응에서도 다음과 같은 두 가지 경로가 동시에 존재한다.

A → B → C → ...

↘

D → ...

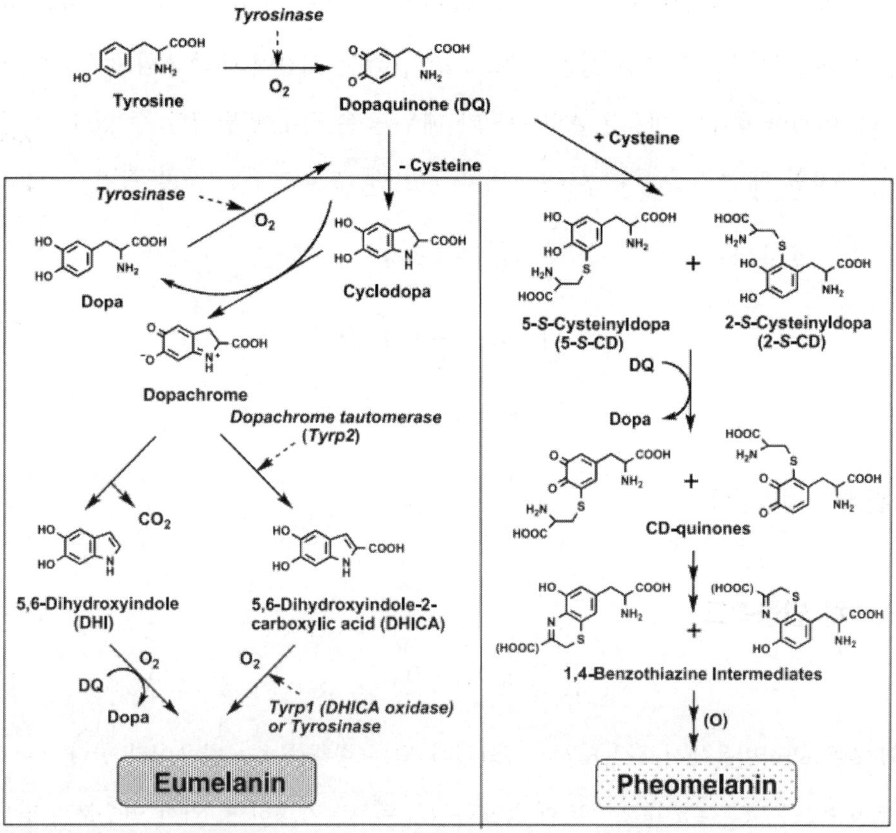

그림 12.1 멜라닌 합성 반응

2 정반응의 화학반응속도

화학반응의 속도는 물질의 특성, 화학반응의 특징에 따라 결정되며, 복잡한 메커니즘이 관여하는 경우도 많아서 일괄적으로 몇 차 반응이라 말할 수 없는 경우가 대부분이다. 따라서 가장 간단한 형태에 대해 화학반응속도를 구하고자 한다.

A. 0차 반응속도

우선 가장 간단한 화학반응식을 이용하여 화학반응속도를 계산하고자 한다.

$$A \rightarrow B$$

이와 같은 화학반응에서 $dC_A/dt = -k_1$로 나타나는 반응을 0차 반응이라 한다. 이때 k_1은 반응속도상수, C_A는 A 성분의 농도, dC_A/dt는 시간에 대한 A의 농도변화를 의미한다. 이러한 형태의 반응은 A의 농도가 매우 높은 경우에 발생할 수 있다. 이 반응에서 $t=0$일 때 A의 농도는 $C_A = a$이고, t일 때 농도는 $C_A = b$라 하면

$$dC_A = -k_1 dt$$

$$\int_a^b dC_A = -k_1 \int_0^t dt$$

$$(b-a) = -k_1 t$$

의 관계가 성립한다.

B. 1차 반응속도

$$\text{A} \rightarrow \text{B}$$

이와 같은 화학반응에서 $dC_A/dt = -k_1 C_A$가 되는 형태를 1차 반응이라 한다. $t=0$일 때 A의 농도는 $C_A = a$이고, t일 때 농도는 $C_A = b$라 가정하며, 역시 변수분리 방법으로 미분방정식의 해를 구할 수 있다.

$$dC_A/C_A = -k_1 dt$$

$$\int_a^b dC_A/C_A = -k_1 \int_0^t dt$$

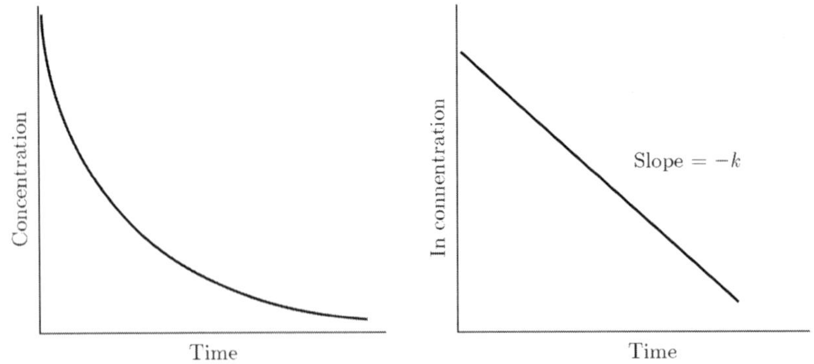

그림 12.2 1차 화학반응속도에서 반응물의 농도변화

$$\ln(b/a) = -k_1 t$$

$$b = ae^{-k_1 t}$$

1차 반응에서 C_A의 농도가 1/2이 되는 시간을 반감기($t_{1/2}$)라 하며 화학반응속도 계산에서 자주 나타난다. 이 경우에는 $b = 1/2\,a$가 되므로

$$\ln(1/2) = -\ln 2 = -k_1 t_{1/2}$$

$$t_{1/2} = \ln 2 / k_1$$

이다.

C. 2차 반응속도

$$\mathrm{A} \rightarrow \mathrm{B}$$

의 화학반응에서 $dC_A/dt = -k_1 C_A^2$가 되는 형태를 2차 반응이라 한다. $t = 0$일 때 A의 농도는 $C_A = a$이고, t일 때 농도는 $C_A = b$라 가정하면

$$dC_A/C_A^2 = -k_1 dt$$

$$\int_a^b dC_A/C_A^2 = -k_1 \int_0^t dt$$

$$[-1/C_A]_a^b = -1/b + 1/a = -k_1 t$$

$$1/a - 1/b = -k_1 t$$

이다. 이때, 반감기를 계산해보면

$$1/a - 2/a = -1/a = -k_1 t_{1/2}$$

$$t_{1/2} = 1/ak_1$$

D. n차 반응속도식

$$\mathrm{A} \rightarrow \mathrm{B}$$

의 화학반응에서 $dC_A/dt = -k_1 C_A^n$가 되는 형태를 n차 반응이라 한다. 역시 위와 동일한 농도 조건에서 변수분리 후 적분하면

$$dC_A/C_A^n = -k_1 dt$$

$$\int_a^b dC_A/C_A^n = -k_1 \int_0^t dt$$

$$[1/(-n+1)C_A^{-n+1}]_a^b = -k_1 t$$

$$1/(-n+1)(b^{-n+1} - a^{-n+1}) = -k_1 t$$

이 된다.

3 정반응과 역반응이 있는 화학반응속도식

$$\mathrm{A} \rightleftarrows \mathrm{B}$$

와 같이 정반응과 역반응이 동시에 존재하는 경우 반응속도식은 연립미분방정식의 형태를 갖춘다. 반응이 각 원소에 대해 1차 반응이고, k_1을 정반응의 속도상수, k_2를 역반응의 속도상수라 하며, $t=0$일 때 $C_A = C_A(0), C_B = C_B(0)$이면

$$dC_A/dt = -k_1 C_A + k_2 C_B$$

$$dC_B/dt = k_1 C_A - k_2 C_B$$

이 식들은 라플라스 변환을 이용하면 풀 수 있다.

$$C_A = \alpha + \beta e^{(k_1 + k_2)t}$$

$$\alpha = (k_1 C_A(0) - k_2 C_B(0))/(k_1 + k_2)$$

$$\beta = (k_2 C_A(0) + k_2 C_B(0))/(k_1 + k_2)$$

$$C_B = \gamma + \delta e^{-(k_1 + k_2)t}$$

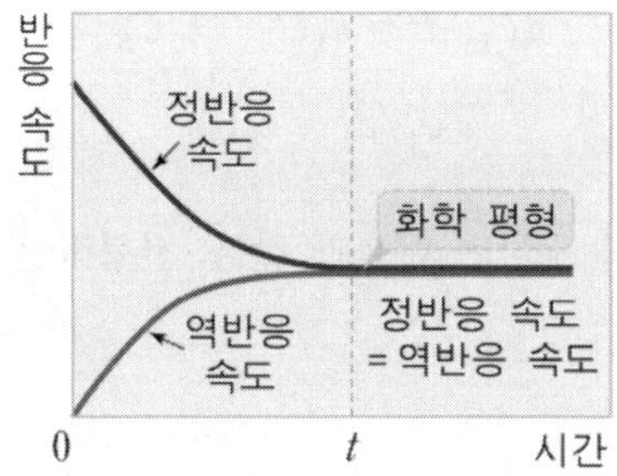

그림 12.3 정반응과 역반응의 화학반응속도

$$\gamma = (k_1 C_B(0) + k_1 C_A(0))/(k_1 + k_2)$$
$$\delta = (k_2 C_B(0) - k_1 C_A(0))/(k_1 + k_2)$$

$k_2 = 0$, $C_B(0) = 0$일 때,

$$C_B = k_1 C_A(0)/(k_1 + k_2) - k_1 C_A(0)/(k_1 + k_2) e^{-k_1 t}$$

가 되어 1차 반응식과 유사하게 된다.

4 연쇄반응속도식

$$\mathrm{A} \rightarrow \mathrm{B} \rightarrow \mathrm{C} \rightarrow \mathrm{D} \rightarrow \ldots$$

생명체에서는 이와 같은 연쇄반응이 매우 빈번히 나타난다. 연쇄반응의 대표적인 예로서 아래와 같은 화학반응을 고려해 보자.

$$\mathrm{A} \rightarrow \mathrm{B} \rightarrow \mathrm{C}$$

화학반응이 각 원소에 대해 1차 반응이고, 초기조건으로 $t = 0$일 때, $C_A = C_A(0)$, $C_B = C_B(0)$, $C_C = C_C(0)$이면 미분방정식은

$$dC_A/dt = -k_1 C_A + k_2 C_B$$

$$dC_B/dt = k_1 C_A - k_2 C_B$$

$$dC_C/dt = k_2 C_B$$

이다. 라플라스 변환 후 해를 구하면 다음과 같다. 전형적인 연쇄반응에서 농도변화가 <그림 12.4>에 나타나 있다.

$$C_A = \alpha + \beta e^{-(k_1 + k_2)t}$$

$$\alpha = \{C_A(0)k_2 + C_B(0)k_2\}/(k_1 + k_2)$$

$$\beta = \{C_A(0)k_1 - C_B(0)k_2\}/(k_1 + k_2)$$

$$C_B = \gamma + \delta e^{-(k_1 + k_2)t}$$

$$\gamma = \{C_B(0)k_1 + C_B(0)k_2\}/(k_1 + k_2)$$

$$\delta = \{C_B(0)k_2 - C_B(0)k_2\}/(k_1 + k_2)$$

$$C_C = \epsilon + \zeta t + \eta e^{-(k_1 + k_2)t}$$

$$\epsilon = \{C_C(0)(k_1 + k_2)^2 + C_B(0)k_2 - C_A(0)k_1 k_2\}/(k_1 + k_2)$$

$$\zeta = \{C_A(0)k_1 k_2 + C_B(0)k_1 k_2\}/(k_1 + k_2)$$

$$\eta = \{C_C{}^*(0)k_1 + C_C(0)k_2 - C_C(0)(k_1 + k_2)^2 - C_B(0)k_2^2 + C_A(0)k_1 k_2\}/(k_1 + k_2)$$

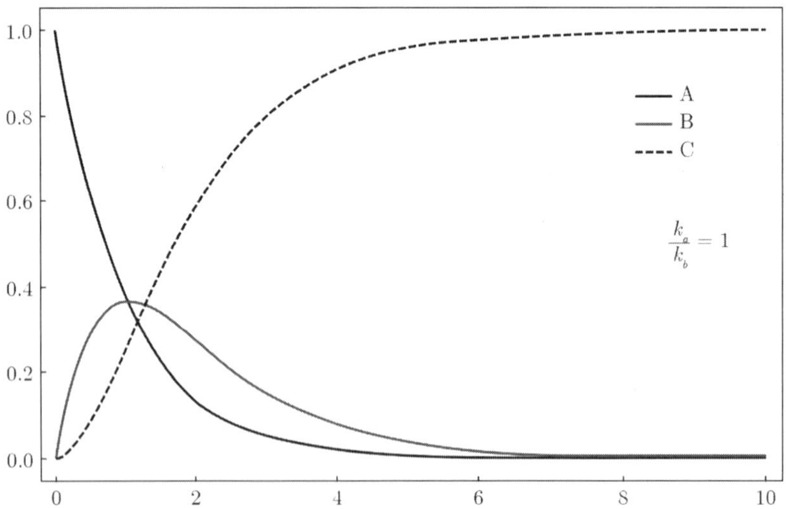

그림 12.4 연쇄반응 시 전형적인 농도변화

5 효소반응속도식

효소반응에서는 다음과 같은 형태의 반응을 이룬다.

$$S+E \underset{k_2}{\overset{k_1}{\rightleftarrows}} ES \overset{k_3}{\rightarrow} P$$

초기조건으로 $t=0$일 때, $C_S = C_S(0), C_{ES} = C_{ES}(0), C_P = C_P(0)$이고

$k_1 : S+E \rightarrow ES$ 반응의 속도상수

$k_2 : ES \rightarrow S+E$ 반응의 속도상수

$k_3 : ES \rightarrow P$ 반응의 속도상수

이라면,

$$dC_S/dt = -kC_SC_E + k_2C_{ES}$$

$$dC_E/dt = -k_1C_SC_E + k_2C_{ES}$$

$$dC_{ES}/dt = k_1C_SC_E - k_2C_{ES} - k_3C_{ES}$$

$$dC_P/dt = k_3C_{ES}$$

가 된다.

이러한 방정식의 해는 컴퓨터를 이용한 수치해석 방법으로 구해진다. 생명체에는 수백 종류의 효소가 존재하므로 이러한 화학반응 수백 개가 동시에 진행된다고 볼 수 있다. 생명체 내에서 일어나는 반응의 대부분은 화학반응속도를 증가시키기 위해 효소를 필요로 한다. 효소가 없으면 화학반응속도가 너무나 느려져서 생명체의 유지에 필요한 필수성분들을 적절한 속도로 합성할 수 없으며, 생명체의 유지가 불가능하다. <그림 12.5>는 대표적인 효소반응으로 maltose를 두 분자의 glucose(포도당)으로 분해하는 glucosidase의 효소반응을 나타낸다.

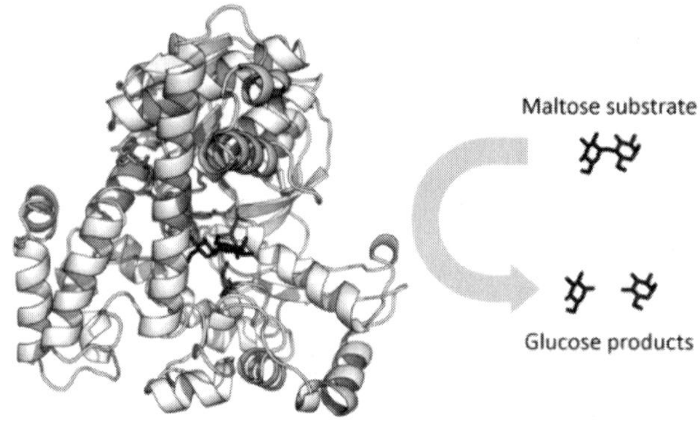

그림 12.5 한 분자의 maltose를 두 분자의 glucose로 분해하는 glucosidase의 효소반응

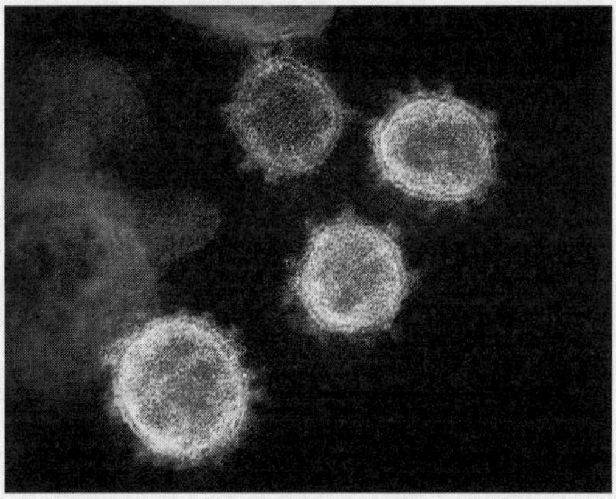

코로나-19 전염병은 2019년 중국 우한에서 처음 발생한 이후, 전 세계를 휩쓸고 있는 전염병이다. 이 병의 발생 원인은 변종 코로나바이러스인 SARS-CoV-2에 의한 것이며, 2021년 9월 말 전 세계에서 누적확진자 2억 3200만 명, 사망자 475만 명을 나타내어 전 지구를 초토화시키고 있는 전염병이다.

코로나-19에 감염된 사람은 가벼운 증상에서 중증질환까지 다양한 범위의 증상이 나타난 것으로 보고된다. 가장 흔한 증상으로 발열 또는 오한, 기침, 호흡곤란, 피로, 근육통, 두통, 미각 또는 후각 상실, 인후염, 구토, 설사가 있다.

코로나-19 감염을 줄이기 위해서는 무엇보다도 예방이 중요하며, 중요한 예방조치로는 마스크 착용, 손 씻기, 백신 접종, 사람이 많은 곳에 가지 않는 방법이 있다. 현재 한국에서 사용되는 백신으로는 아스트라제네카(AstraZeneca), 얀센(Johnson & Johnson)의 바이러스벡터 백신 2종과 화이자(Pfizer), 모더나(Moderna)의 mRNA 백신 2종이 있다. 또한 한국의 제약회사에서도 코로나-19 백신 개발을 위해 열정을 쏟아붓고 있다.

13장

인체 약물 모델링

1. 1 구획 모델
2. 2 구획 모델
3. 중심부 주변부 2 구획 모델
4. 인체 약물흡수 모델

약물이 인체에 투입된 후 그 변화는 의약품개발에서 매우 중요하다. 이번 장에서는 인체를 몇 개의 구역으로 구분하는 compartment 모델에 대해 공부한다. 이 모델의 전개는 12장의 화학반응속도식과 유사한 점이 많다.

1 1 구획 모델

약물이 인체에 흡수되고 이어서 인체에서 배출될 때는 다음의 모델로 형상화할 수 있다. 특히 1 구획 모델(one compartment model)에서는 약물을 직접 정맥주사로하는 경우에 적합한 모델이다.

이때는 다음의 식이 성립하며

$$dC_A/dt = -k_1 C_A$$

$$k_1 = \text{소멸속도}$$

$C_A(0) = Dose/V_D$, $Dose$: 약물주입량(mg), $V_D : compart$ 부피(L)

$$dC_A/C_A = -k_1 dt$$

$$\int dC_A/C_A = -k_1 \int dt$$

$$\ln C_A = -k_1 t + c_1$$

$$C_A = ce^{-k_1 t}$$

$t = 0$에서 $C_A = Dose/V_D$이므로

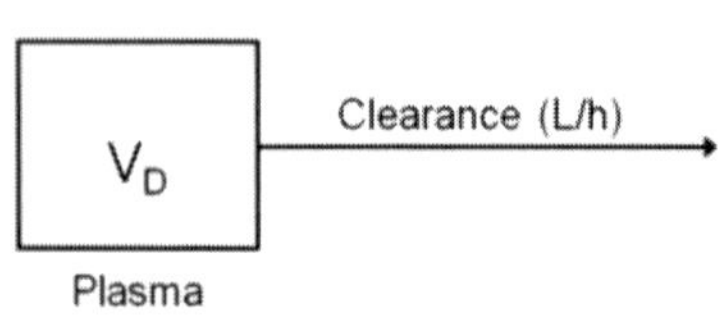

그림 13.1 1 구획 약물 모델

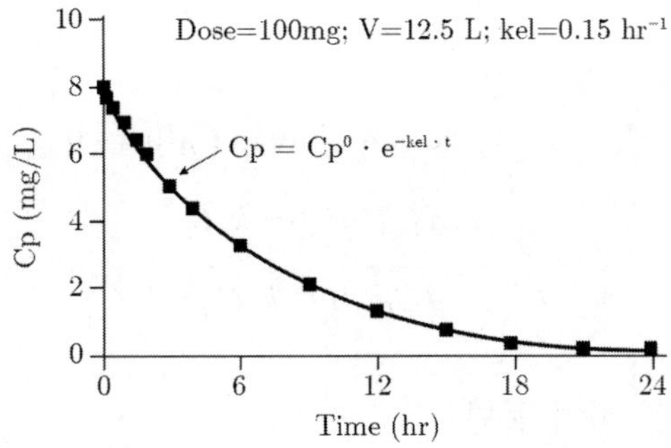

그림 13.2 1 구획 모델의 전형적인 약물농도 변화(T.A. Ahmed, 17)

$$Dose/V_D = c$$

$$C_A = Dose/V_D e^{-k_1 t}$$

이다.

1 구획 모델의 전형적인 예가 <그림 13.2>에 나타나 있다.

2 2 구획 모델

약물이 정제와 같은 형태로 투약되면 위장관을 통해 흡수되어야 하므로 2 구획 모델(two compartment model)이 적합한 모델이다.

위장관 → 혈액순환 → 제거

이런 경우에는 다음의 관계식으로 나타난다.

C_A: 위장관의 약물농도

C_B: 혈중 약물농도

k_a: 위장관의 흡수속도 (위장관 → 혈액순환)

k_e: 소멸속도 (혈액순환 → 제거)

$t = 0$에서

$$C_A = C_A(0),\ C_B(0) = 0$$

$$dC_A/dt = -k_aC_A$$

$$dC_B/dt = k_aC_A - k_eC_B$$

이며, 라플라스 변환을 하여 풀면

$$C_A = C_A(0)e^{-kat}$$

$$C_B = \gamma e^{-kat} + \delta e^{-ket}\mathrm{t}$$

$$\gamma = C_A(0)k_a/(k_e - k_a)$$

$$\delta = -C_A(0)k_a/(k_e - k_a)$$

이다.

3 중심부 주변부 2 구획 모델

이 모델은 인체를 2구역, 즉 중심 구역(1)과 주변 구역(2)으로 나누며, 약물은 중심부로 주입된다고 가정한다.

C_A: 중심부의 약물농도

C_B: 주변부의 약물농도

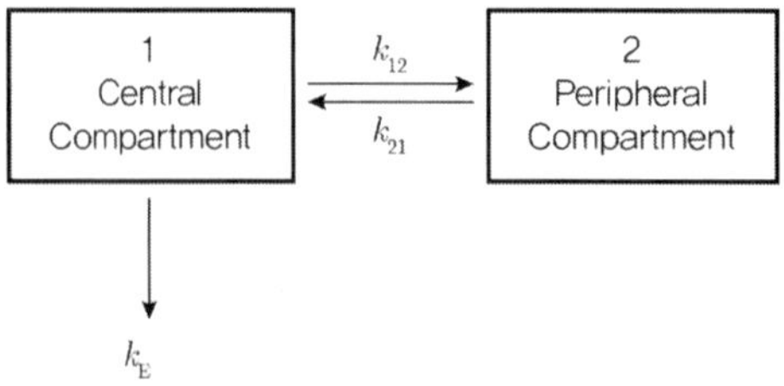

그림 13.3 중심부 주변부 2 구획 약물 모델

k_{12}: 1 구획에서 2 구획으로 이동하는 약물의 속도

k_{21}: 2 구획에서 1 구획으로 이동하는 약물의 속도

k_e: 약물의 제거속도

$$d/C_A/dt = -k_{12}C_A - k_3C_A + k_{21}C_B$$

$$dC_B/dt = k_{12}C_A - k_{21}C_B$$

$$t = 0 \quad C_A(0) = Dose/V_D, C_B = 0$$

라플라스 변환을 하여 풀면

$$C_A = \gamma e^{-at} + \delta e^{-\beta t}$$

$$C_B = \eta e^{-\epsilon t} + \theta e^{-\zeta t}$$

($\alpha, \beta, \gamma, \delta, \epsilon, \zeta, \eta, \theta$는 상수)

이다.

중심부 주변부 2 구획 약물 모델의 전형적인 결과가 <그림 13.4>에 나타나 있다.

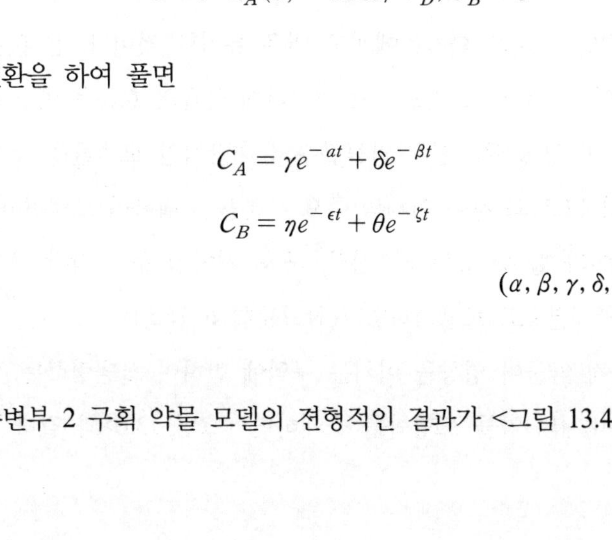

그림 13.4 중심부 주변부 2 구획 약물 모델에서 약물의 농도변화

4 인체 약물흡수 모델

인체는 보다 정교하게 여러 구획으로 나누고 이를 모델화할 수 있다. 신약개발에는 반드시 사람을 대상으로 하는 임상시험이 필요한데, 이는 많은 시간과 경비가 소요되는 복잡한 과정이다. 인체를 수학적 모델링화하여 약물의 흐름을 시뮬레이션하면 임상시험 전에 약물의 체내 분포과정을 예측할 수 있다. 또한, 임상시험 대상자를 줄일 수 있어서 제약회사뿐만 아니라 환자들에게도 매우 유익할 것이다. 문제는 인체가 매우 복잡하다는 점에 있다. 즉, 어느 정도까지 정교하게 약물의 흐름을 예상할 수 있는지가 관건인 것이다. 이번 장에서는 인체 약물흡수의 대략적인 모델들을 소개하고자 한다.

첫 번째는 <그림 13.5>와 같이 인체의 주요 부분을 구획하여 모델링하는 것이다. 즉, 인체의 주요 부분이라 할 수 있는 뇌, 심장, 근육, 지방질 등을 각각 구획하였고, 폐를 통한 가스의 교환을 별도로 모델화하였다(참고문헌 6 참조).

두 번째로는 특정 약물이 영향을 미치는 구역에 한하여 모델링하는 것이다. 대표적으로 면역과 내분비계의 약물 모형화를 소개하면 <그림 13.6>과 같다.

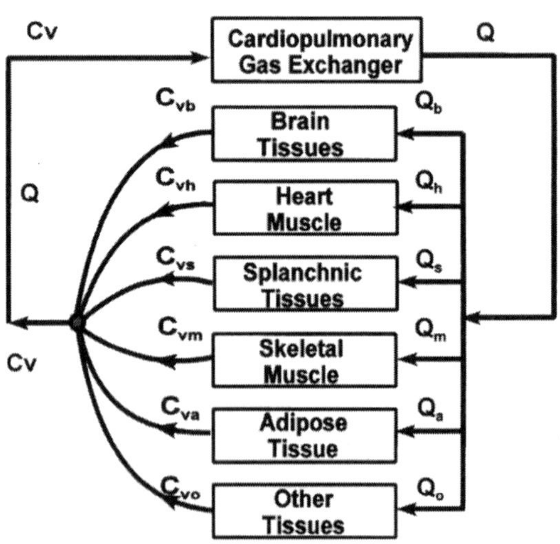

그림 13.5 인체의 전 부분 모델링(Cabrera, 참고문헌 6)

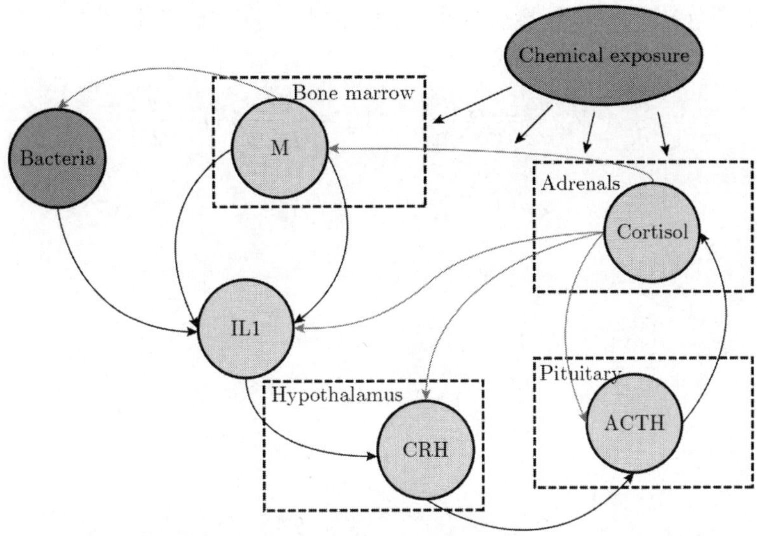

그림 13.6 약물의 신경과 내분비계 분포 모델링(Zaitseva, 참고문헌 5)

또한, 더 구체적으로 혈액 내 IgG의 농도분포도 미분방정식으로 표현할 수 있다. 아래는 혈액 내에 적혈구가 있을 때와 적혈구가 존재하지 않는다고 가정할 때, IgG의 확산속도 차이를 보여주는 수학적 모델링과 그 결과이다(김동욱, 18, 19). 적혈구가 존재하

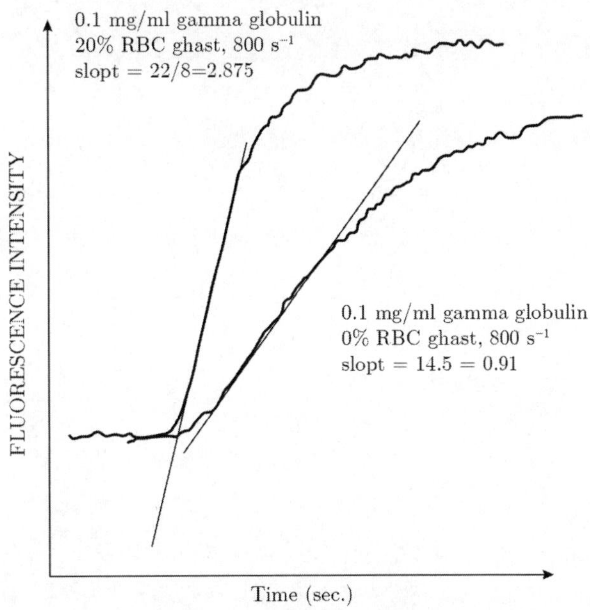

그림 13.7 혈액 내 IgG의 이동속도에 대한 적혈구의 효과(김동욱 외, 18, 19)

므로 IgG의 확산속도는 매우 빨라지며, 이는 면역력 증강에 크게 기여할 것이다.

$$\frac{\partial c}{\partial t}+V_x\frac{\partial c}{\partial x}=D_b\frac{\partial^2 c}{\partial y^2},\quad V_x=\frac{6Q}{B^2W}y(1-\frac{y}{B})$$

코로나-19 사태가 장기화함에 따라 전 세계 주요 선진국들은 코로나를 치료하는 신물질개발에 온 힘을 쏟고 있다. 이러한 노력의 일환으로 슈퍼컴퓨터를 이용한 신약개발이 활발하게 이루어지는데, 수만 종의 후보물질에 컴퓨터 시뮬레이션을 적용하여 코로나-19 바이러스를 제거하는 신물질을 찾고자 한다. 이를 위해서는 우선 코로나-19 바이러스의 완전한 모델링이 되어야 하고, 이중 핵심 외투 단백질의 구조를 밝혀야 하며, 이 단백질과 결합하거나 바이러스 자체를 파괴하는 화학구조를 찾아야 한다. 일단 후보물질이 정해지면 다양한 동물모델에 대한 컴퓨터 시뮬레이션이 진행되고, 최종적으로는 사람에 컴퓨터 시뮬레이션이 적용되어야 한다. 물론 모든 과정을 컴퓨터에만 의존할 수는 없으므로, 중요한 시점에는 실험동물을 이용하여 결과를 바로잡아야 한다. 또한 최종적으로는 사람을 대상으로 한 임상시험으로 시뮬레이션 결과를 바로잡아야 할 것이다. 이러한 과정을 거치면 실험동물을 적게 사용하고, 임상시험을 줄일 수 있어서 비용을 절감할 뿐만 아니라 신약개발에 필요한 시간도 크게 줄일 수있는 장점이 있다.

연습문제 해답

1.1 (A) 실수

(B) 자연수

(C) 정수

(D) 유리수

(E) 복소수

1.2 (A) {1,2,3}

(B) {1,2}

(C) { }

(D) 2

(E) {3,4,5}

(F) {1,2,3}

(G) {1,2,3}

1.3 (A) 모든 x, 모든 y의 원소에 대해 $x-y=0$을 만족시키는 집합을 A

(B) $x/y=3$을 만족한다면 적어도 하나의 y는 $y=1$을 충족한다.

(C) p이면 q이고, p이면 r이 모두 참인 것은 p이면 q와 r이 동시에 참이라는 것과 같은 의미이다.

1.4 (A) 0

(B) 10

(C) 1

(D) 2

(E) 5

2.1 $\sin(1/x)$, $x=0$ 또는 프랙탈 함수

2.2 485 mg

2.3 $2\sin x \cdot \cos x$

2.4 e^{-x}

2.5 $a^{\ln b} = e^{(\ln a)\ln b} = e^{\ln a \cdot \ln b} = e^{\ln b \cdot \ln a} = b^{\ln a}$

2.6 $y=\cosh x$의 역함수는 $x=\cosh y=(e^y+e^{-y})/2$이므로

$e^y\text{–}2x+e^{-y}=0$ 양변을 e^y로 곱하면

$e^{2y}\text{–}2xe^y+1=0$

$ey=(2x\pm\sqrt{(4x^2\text{–}4)})/2=x\pm\sqrt{(x^2\text{–}1)}$

$x\geq 1$에서는 $e^y=x+\sqrt{(x^2-1)}$

이때, 양변에 ln을 하면

$y=\ln(x+\sqrt{(x^{2-1)}})$이다.

2.7 $y=\sqrt{x/2}\,(x>0$이므로)

2.8 기함수

2.9 (A) $(x+1)^3-1$

(B) $e^{-(x+1)}\ln(x+1)$

(C) $\sin 3(x+1)^2/\cos 4(y-1)$

(D) $2u(x-1)$

3.1 $x^2-2x+y^2-2y+1=0$

3.2 $(\sqrt{10},\ 1.249)$

3.3 쌍곡선 함수

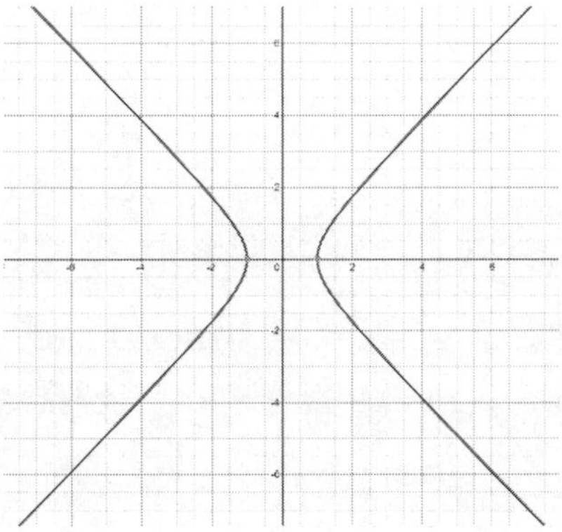

3.4

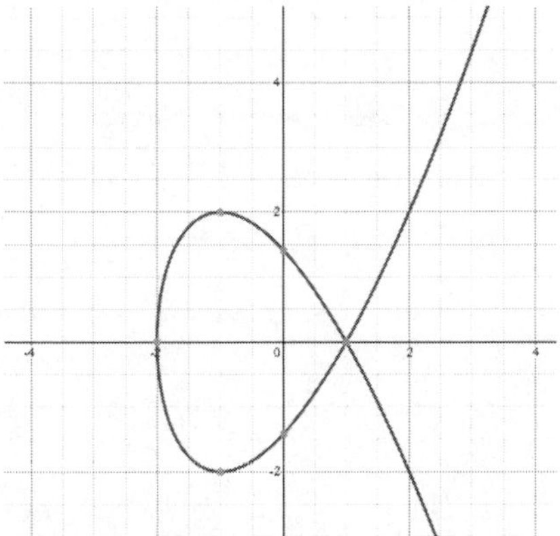

3.5 $\sqrt{6}$

3.6 $ax-ay+cz-c=0$

3.7 이중원뿔

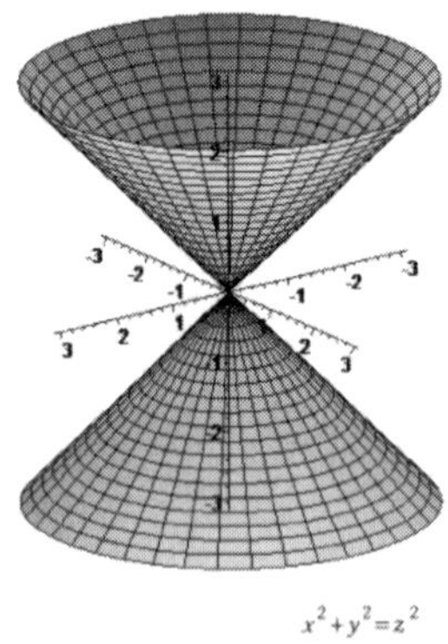

3.8 포물면

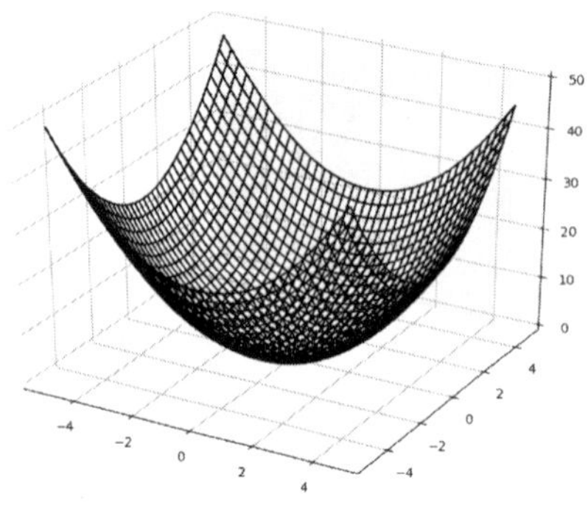

4.1 (A) 크기: $\sqrt{5}$

$\theta = \arctan 2 = 63.4°\ (0.352\pi)$

(B) 크기: 1

$\theta = 90°\ (\pi/2)$

(C) 크기: $\sqrt{13}$

θ = arctan (3/2) = 56.3° (0.313π)

4.2 (A) <1,−3>

(B) 크기: 4, 방향: −z축 방향

(C) 크기: 4, 방향: +z축 방향

4.3 (A) 크기: $\sqrt{20}$

θ = arctan 2 = 63.4° (0.352π)

(B) 크기: $\sqrt{5}$

θ = arctan (1/2) = 26.6° (0.464π)

(C) 9

(D) 크기: 4

방향은 z축을 따라 - 방향

4.4 (A) 크기: $\sqrt{5}$

방향: 원점 <0,0,0>에서 −**j** −2**k**

(B) 6

(C) 크기: $\sqrt{6}$

방향: 원점 <0,0,0>에서 i−2**j**+**k**

5.1 (A) $\begin{bmatrix} 3, & 4 \\ 0, & 2 \end{bmatrix}$

(B) $\begin{bmatrix} -1 & -2 \\ -2 & 2 \end{bmatrix}$

(C) $\begin{bmatrix} 3, & 3 \\ 0, & -3 \end{bmatrix}$

(D) $A^T = \begin{bmatrix} 1, & -1 \\ 1, & 2 \end{bmatrix}$

$B^T = \begin{bmatrix} 2, & 1 \\ 3, & 0 \end{bmatrix}$

(E) det A = 3

$\det B = -3$

(F) $\begin{bmatrix} 2 & 1 \\ -1 & 1 \end{bmatrix}^T = \begin{bmatrix} 2 & -1 \\ 1 & 1 \end{bmatrix}$

(G) $\begin{bmatrix} 2/3 & -1/3 \\ 1/3 & 1/3 \end{bmatrix}$

(H) $\begin{bmatrix} 1 & 0 \\ 0 & 1 \end{bmatrix}$

(I) $\begin{bmatrix} 1 & 2 \\ 1 & 1 \end{bmatrix}$

5.2 (A) $X = \dfrac{\begin{vmatrix} 1 & 2 \\ 5 & -1 \end{vmatrix}}{\begin{vmatrix} 1 & 2 \\ 3 & -1 \end{vmatrix}} = 11/7$

$Y = \dfrac{\begin{vmatrix} 1 & 1 \\ 3 & 5 \end{vmatrix}}{\begin{vmatrix} 1 & 2 \\ 3 & -1 \end{vmatrix}} = -2/7$

(B) $A = \begin{bmatrix} 1 & 2 \\ 3 & -1 \end{bmatrix}$

$X = \begin{bmatrix} x \\ y \end{bmatrix}$

$B = \begin{bmatrix} 1 \\ 5 \end{bmatrix}$

$\det A = -7$

$A^{-1} = \begin{bmatrix} 1/7 & 2/7 \\ 3/7 & -1/7 \end{bmatrix}$

$X = A^{-1}B = \begin{bmatrix} 11/7 \\ -2/7 \end{bmatrix}$

$x = 11/7$

$y = -2/7$

(C) $x = 11/7,\ y = -2/7$

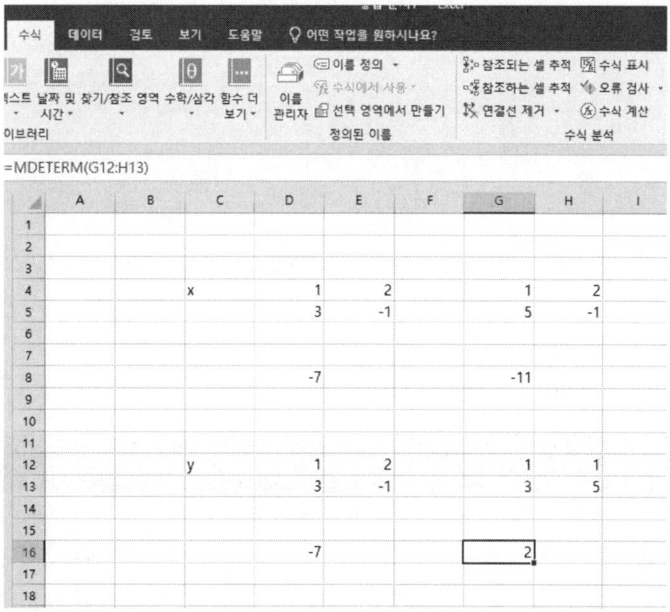

(D) $x = 1.5714,\ y = -0.2857$

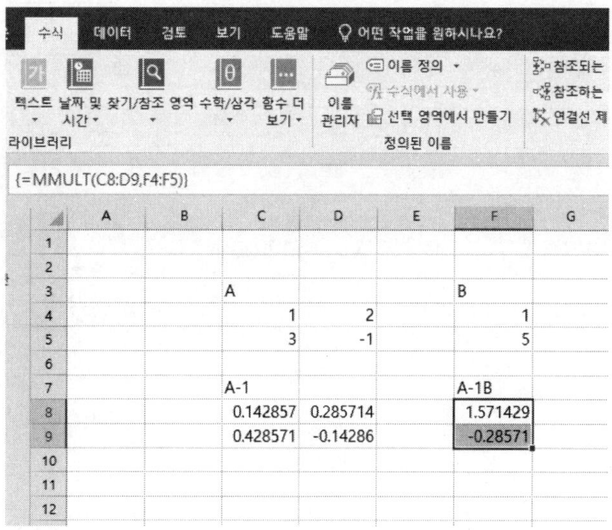

5.3 (A) $x = 4/2 = 2$

$y = 2/2 = 1$

$z = 0/2 = 0$

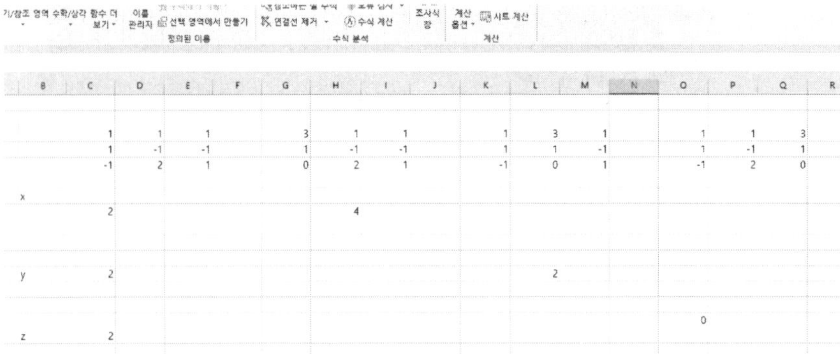

(B) $x = 2,\ y = 1,\ z = 0$

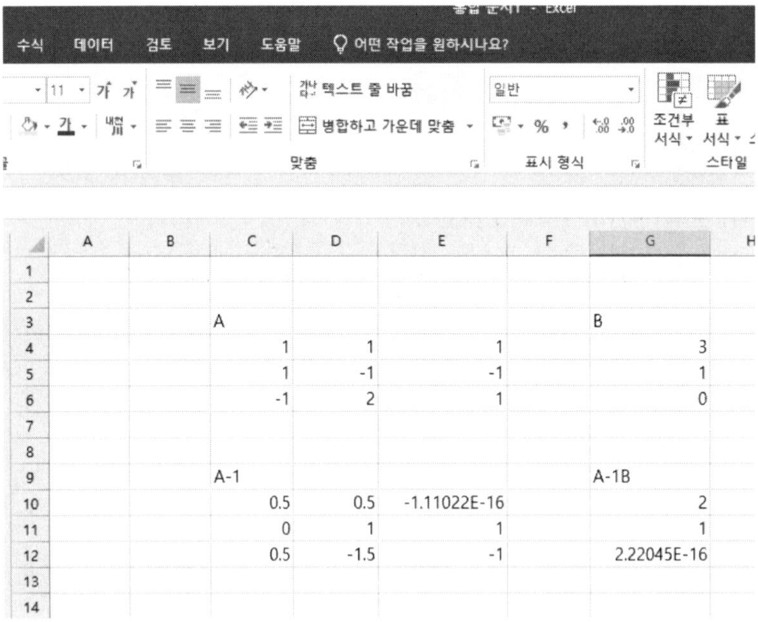

6.1 $f' = 4x + 6/x^3$

$f'' = 4 - 18/x^4$

6.2 $f' = 3\cos x + 2\sin x$

$f'' = -3\sin x + 2\cos x$

6.3 $2x\cos x^2 + 2\sin(2/x)/x^2$

6.4 $f'(1) = e + 3 + 2\ln 2$

$f''(1) = e - 3 + 2(\ln 2)^2$

6.5 (A) $\cos x \cos y - e^{-y} \cos x + e^x/\ln z$

(B) $-\sin x \sin y + e^{-y} \sin x$

(C) $-e^x/(\ln z)^2$

(D) $-\sin x \cos y + e^{-y} \sin x + e^x/\ln z$

(E) $-\sin x \cos y - e^{-y} \sin x$

(F) $2e^x/(\ln z)^3$

(G) $-\cos x \sin y + e^{-y} \cos x$

(H) 0

7.1 (A) $x^4/4 + 2x^3/3 + x + c$

(B) $\cos x + 2\sin x + c$

(C) $-xe^{-x} - e^{-x} + c$

(D) $-e^{-x} - 10^x/\ln 10 + 1/x + c$

(E) $x \sin x + \cos x + c$

(F) $x^4 = t$로 치환하면

$4x^3 dx = dt$

$\int x^3 e^{-x4} dx = \int e^{-t} dt/4 = -1/4e^{-x4} + c$

7.2 (A) 23/12

(B) -2

(C) $-e^{-2} - 1$

(D) $-e^{-\pi} - 10^{\pi}/\ln 10 + 1/\pi + e^{-1} + 10/\ln 10 - 1$

(E) 0

(F) $-1/4e^{-1}+1/4$

(G) $1/2\sinh\pi-1$

7.3 (A) 1

(B) 1/3

(C) 1/2

(D) ∞ 발산

(E) ∞ 발산

7.4 (A) $(e-e^{-1})^2$

(B) $-1/2$

(C) -4

8.1 (A) $y=1+e^{-x}$

(B) $y=e^{-x}(x+1)$

(C) $y=x^3/2+x/2$

8.2 (A) $y=5e^{3x}/7+2e^{-4x}/7$

(B) $y=e^x$

(C) $y=\sqrt{2/3}\sin(\sqrt{3/2}\,x)$

8.3 (A) $y=0.73e^{3x}+0.277e^{-4x}-x/12-1/144$

(B) $y=4/5\cos x+6/5\sin x+1/5\cos 2x-1/10\sin 2x$

9.1 (A) 2

(B) 발산

9.2 (A) $\sin 2x = 2/2!\,x + (-8/3!)x^3 + 32/5!x^5 + \ldots$

(B) $e^{-x} = 1 - x + 1/2!x^2 - 1/3!x^3 + 1/4!x^4 - \ldots$

10.1 (A) 극형식: $\cos 0 + i \sin 0$

지수형식: e^{i0}

(B) 극형식: $\sqrt{2}(\cos 7\pi/4 + i \sin 7\pi/4)$

지수형식: $\sqrt{2}\, e^{i7\pi/4}$

(C) 극형식: $\sqrt{26}(\cos 0.437\pi + i \sin 0.437\pi)$

지수형식: $\sqrt{26}\, e^{i0.437\pi}$

10.2 (A) i

(B) −2+2i

(C) 2i

(D) (4−i)/5

(E) (1−i)/2

10.3 (A) 크기: 2, 각도: 0°

(B) $1-i$, 크기: $\sqrt{2}$, 각도: 315°(7π/4)

(C) $-i$, 크기: 1, 각도: 270°(3π/2)

10.4 (A) 1

(B) $(e - e^{-1})/2i$

(C) $(e + e^{-1})/2$

(D) $-i\pi/4$

(E) $e^{3\pi/2i}$

(F) $(3\pi/2 + 2n\pi)i$

(G) $(2\pi + 2n\pi)i$

(H) $e^{i\pi/4}$

10.5 다음을 미분하시오.

(A) $f' = 3z^2 + e^{-z} + 2\cos 2z + 3\sin z$

(B) $f' = \sinh z - \cosh z + 2/z$

10.6 (A) $1-e^{-i}$

(B) 0

11.1 (A) $1/(s-1) - 1/(s+1)$

(B) $1/(s^2+1) - 2s/(s^2+1)$

(C) $1/((s+2)^2+1) - 2(s+2)/((s+2)^2+1)$

(D) $e^{-s}\{1/(s^2+1) - 2s/(s^2+1)\}$

11.2 (A) $e^t + t$

(B) $\sin t - \cos\sqrt{2}\,t$

(C) $e^t \sin t - e^{-t}\cos\sqrt{2}\,t$

(D) $1/2\sinh 2t - \cosh\sqrt{2}\,t$

11.3 (A) $f(t) = -1 + 2e^{2t}$

(B) $f(t) = e^t$

(C) $f(t) = t - \sin t$

11.4 $x = e^{2t}$

$y = -e^{2t}$

참고문헌

1. 장건수 외, 미분적분학 4판, 북스 힐, 2013
2. 김유철, 기본 약물동태학, 인제대 출판부, 2019
3. M.Naoi, etc, Melanin, Tropical Dermatology 2nd Ed., Elsevier, 2017
4. M.A. Khanday, etc., Mathematical models for drug diffusion through the compart ments of blood and tissue medium, *Alexandria J of Med.*, 53, 245, 2017
5. N.V. Zaitseva, etc., A mathematical model of the immune and neuroendocrine syst ems mutual regulation under the technogenic chemical factors impact, *Computatio nal and Mathematical Methods in Medicine*, 2014
6. M.E. Cabrera, etc., Modeling metabolic dynamics. From cellular processes to orga n and whole body responses, *Progress in Biophysics and Molecular Biology*, 69, 539, 1998
7. Rosen, 이산수학, 8th Ed., McGrawHill, 2019
8. 신인철 외, 약리학, 메디컬사이언스, 2019
9. 윤대원, 기하학 개론, 경문사, 2020
10. 김동욱, 제약통계, 자유아카데미, 2020
11. wikipedia(https://ko.wikipedia.org)
12. Wolfram MathWorld(https://mathworld.wolfram.com)
13. M.R. Spiegel, Laplace Transform, Schaum's outline series, McGraw-Hill, 1986

14. P.Duchateau, D.W. Zachmann, Partial Difference Equations, McGraw-Hill, 1986
15. 푸리에 해석, 경문사, 1986
16. T.A. Ahmed., Pharmacokinetics of Drug Following IV Bolus, IV infusion, and ora l Administration, IntechOpen Book Series, 2015
17. Donguk Kim, W. Cha, and Richard L. Beissinger, Mass transport of macromolecul es in solution to surfaces, *J. Col. Interf. Science*, 159, 1-8, 1993
18. Donguk Kim, and Richard L. Beissinger, Augmented mass transport of macromole cules in sheared suspensions to surfaces, *J. Col. Interf. Science*, 159, 9-20, 1993
19. Raymond Chang, 일반화학, 청문각, 2002
20. Niel A. Campbell 외, 생명과학, 바이오사이언스, 2006

저자 소개

김동욱
고려대학교 화학공학과 졸업
Illinois Institute of Technology, 화학공학 박사
한국화학공학회 공업화학부문 위원장
현) 인제대학교 제약공학과 교수
현) 한국제약공학회 회장

쉽게 풀어쓴 제약수학

저 자 김동욱
발 행 인 김지영
발 행 처 자유아카데미
주 소 경기도 파주시 회동길 37-42
파주출판도시
전 화 031-955-1321
팩 스 031-955-1322
홈페이지 www.freeaca.com
전자우편 main@freeaca.com (대표)
editor@freeaca.com (편집)
crm@freeaca.com (영업)
등 록 제406-2003-017호, 1980. 7. 12
제1판1쇄 2022년 3월 5일 발행

저자와의 협의하에 인지생략

ISBN 979-11-5808-345-8 93410